人工智慧導論

王建堯 • 王家慶 • 吳信輝 • 李宏毅 • 高虹安 • 張智星

曾新穆 • 陳信希 • 蔡炎龍 • 鄭文皇 • 蘇上育 著

發行人：郭台銘

主編：陳信希 • 郭大維 • 李傑

副主編：高虹安 • 吳信輝

FOXCONN® Education Foundation
鴻海教育基金會

王建堯

中央研究院資訊科學研究所　博士後研究員

學歷
- 國立中央大學資訊工程博士

經歷
- 尖端科技研習營智慧製造研習營講師
- 台灣積體電路製造股份有限公司深度學習之電腦視覺講師
- 智慧型影音內容分析、創作及推薦計畫暑期學校講師

王家慶

國立中央大學資訊工程學系　教授

學歷
- 國立成功大學電機工程博士

經歷
- 美國威斯康辛大學麥迪森分校榮譽研究員
- 美國喬治亞理工學院訪問學者
- 成功大學電機工程學系客座助理研究員
- IEEE Senior Member

吳信輝

富士康工業互聯網學院　副院長

學歷
- 美國聖路易大學生物資訊博士

經歷
- 富士康工業互聯網學院大數據中心數據科學家
- 國立臺灣大學海洋研究所海洋學門資料庫IT專家（高效能運算）
- 美國亞利桑那大學博士後研究（自然語言處理）
- 美國佛羅里達大學自然史博物館博士後研究（生物資訊）

李宏毅

國立臺灣大學電機工程學系　助理教授

學歷
- 國立臺灣大學電信工程博士

經歷
- 國立台灣大學電機工程學系助理教授
- 美國麻省理工學院電腦科學暨人工智慧實驗室客座科學家
- 中央研究院資訊科技創新研究中心博士後研究員

高虹安

鴻海科技集團工業大數據辦公室　主任

學歷
- 美國辛辛那提大學機械工程博士
- 國立臺灣大學資訊工程碩士

經歷
- 第五屆國家產業創新獎之創新菁英獎
- 第十屆Intel全球挑戰賽網路及軟體運算組第一名
- 財團法人資訊工業策進會組長

張智星

國立臺灣大學資訊工程學系　教授

學歷
- 美國加州大學電機電腦博士

經歷
- 國立臺灣大學金融科技研究中心主任
- 臺大醫院資訊室主任
- 工業技術研究院資通所顧問
- 美國MathWorks公司軟體工程師

曾新穆

國立交通大學資訊工程學系　特聘教授
學歷
- 國立交通大學資訊科學博士
經歷
- 國立交通大學數據科學與工程研究所所長
- 國立成功大學資訊工程學系特聘教授
- 國立成功大學醫學資訊研究所所長

陳信希

國立臺灣大學資訊工程學系　特聘教授
學歷
- 國立臺灣大學電機工程學系博士
經歷
- 科技部人工智慧技術暨全幅健康照護聯合研究中心主任（2018/1迄今）
- 國立臺灣大學電機資訊學院副院長（2015/8～2018/7）
- 瑞軒科技講座教授（2018）

蔡炎龍

國立政治大學應用數學系　副教授
學歷
- 美國加州大學電機數學博士

經歷
- 國立政治大學副學務長及代理學務長
- 國立政治大學應用數學系主任

鄭文皇

國立交通大學電子工程學系暨研究所　教授
學歷
- 國立臺灣大學資訊網路與多媒體研究所博士
經歷
- 行政院科技會報辦公室科技計畫首席評議專家室領域專家
- 工業技術研究院特聘研究
- 資訊工業策進會技術顧問
- 中央研究院資訊科技創新研究中心副研究員

蘇上育

國立臺灣大學資訊工程學系　博士候選人
學歷
- 國立臺灣大學資訊工程學系博士候選人
經歷
- 曾於美國微軟（Microsoft）以及亞馬遜（Amazon）擔任研究實習生
- 研究領域包含深度學習（Deep Learning）、自然語言處理（Natural Language Processing）以及對話系統（Dialogue System）

數個月前有機會從媒體得知，大陸上海的高中一年級新生課綱將「人工智慧（AI）」列為必授課程，還出版了一本給高中生使用的「人工智慧（AI）教科書」，我當下就找公司大陸幹部買了幾本回來研讀，同時決定在鴻海「富士康工業互聯網學院」開班授課，因為 **AI 是現今科技發展的必爭之地，人才培育是當務之急**。

然而在此同時，我的腦海中也迅速地閃過一個極為重要的課題，那就是**在中華民國臺灣，這個養我育我，也同時是我兒孫成長受教育的地方，有沒有開設相同的人工智慧課程？是否也對於 AI 發展，人才培育向下紮根等事情擁有急迫感？**我要求集團工業大數據互聯網辦公室主任收集相關資訊，當時得到的結果是臺灣的高中並沒有類似的課程安排。

既然如此，要快速推展當然是直接把大陸版的人工智慧（AI）教科書翻譯成繁體字版本最有效率，但冷靜一想，捫心自問：「中華民國臺灣的科技教育水平及人工智慧發展難道會比大陸差？我們對於人才的自信又擺在那裡？」因此我號召了相關人等著手進行編撰此本教科書。

我們邀請了大專院校著名的人工智慧教授和菁英等組成了編撰團隊，讓大家「**以自由開放為綱，以科技未來為本**」，依據不同的課題編輯內容，開啟了以民族教育興衰為己任的人工智慧教科書編輯的新征程，一本教科書可能不一定足夠，我想還要積極地與學校及老師合作，培育師資，不管是用在哪一個年級，這是**厚植下一代科技軟實力的基礎工程**。

在此書問世時，衷心感謝所有的編輯者及參與者，在披星戴月、夙夜匪懈的時程中，迅速又精準地闡述了人工智慧的內容，深入淺出，為下一代的科技教育展開新的篇章，也再次感謝諸位賢輩為學子開未來、為科技創新學。

郭台銘

鴻海教育基金會創辦人

寫於 2019.04.08 飛往東京途中

30歲左右在自動機工作現場的照片（1990/06/05）

於美國辛辛那提大學學術交流自駕車AI技術市場（2018/07/02）

在科技日新月異的發展中，未來的世界已在我們眼前由 AI 人工智慧揭開了序幕，現今人工智慧對生活各個層面的影響，遠遠超過了你我的想像。

- 交通生活中，自駕車、無人飛機，開始改變了交通和運輸方式，在美國亞利桑那州，人們可以透過叫車APP搭上一台完全沒有司機的自動駕駛計程車，這些車輛彷彿擁有人類的雙眼和運動系統，可以感知路況並且作出對應行為。

- 醫療生活中，各種AI演算法顛覆了過去的限制，像是透過拍攝皮膚影像辨識皮膚癌的發生及其類型、研究經由基因定序檢測得來龐大的數據，就能挖掘出疾病罹患機率，進而協助人們做到預防與管理。

- 工作生活中，倉庫的工人們戴上可穿戴式手環，可以追蹤工人的手部動作，識別他們的工作效率，透過振動提醒那些潛在的偷懶者；在公司或工廠內，管理者可以通過員工的職員證定位到他們的移動路徑，並自動識別進入不被允許的場域或是異常行為的員工，避免工安事件或是防止技術機密洩漏。

- 飲食生活中，透過農作物種植和檢驗，串連到餐桌上的美味食物，圍繞著食物全生命週期產生的大數據加上AI可以預測其關聯性以實現吃得安全、吃得健康。

- 消費生活中，當我們進入一家商店時，素未謀面的售貨員可以通過人臉識別迅速獲得我們的各類資訊，和我們拉近關係，進而推薦個人感興趣的商品。

- 社交生活中，交友網站推薦很大機率成為你另一半的人，喜歡的向左滑，不喜歡的向右滑；Facebook和Google分析人群的偏好，以便於更加精準地投放廣告。

- 娛樂生活中，用AI技術虛擬的選手可以輕鬆擊敗許多圍棋、撲克牌、電玩高手，你很難想像在網路另一邊和你對戰的，究竟是人還是機器人？

　　以上所言，都已是現在進行式，AI 帶來顛覆性的應用將大大地重組你我所認知的世界。人工智慧能夠幫助我們做很多人類做不好、不想做、或不能做的事。現今 AI 已經在某些領域中驗證了商業價值，形成標準化和可被大規模應用的產品，甚至開始盈利。我在近幾年來主動向許多 AI 專家請益、拜師學習，剖析人工智慧所帶來的短、中、長期效益，經過幾番華山論劍，再結合自身多年在產業界及國際間的觀察，我深深相信未來 30 年人工智慧是主流，所以與時俱進的學習很重要，我們不能無視或畏懼 AI 帶來的挑戰，因此學會面對、運用和主宰 AI，把不可能的思維變成可能，這就是進步。除了鴻海科技集團本身要全面性擁抱 AI 學習外，我也經常鼓勵莘莘學子們能及早擁有相關知識基礎，才能不被世界的科技浪潮淘汰。

　　本書由鴻海教育基金會出版，期待種下的這顆種子能為中華民國臺灣培養出許多在全球發光的 AI 人才。在本書編寫出版同時，配套提供「AI 互動平台」系統學習，讓大家不只從書本上學知識，更能在實作平台上動手驗證所學。

　　再一次感謝本書所有作者群，他們具備豐富的學養專業，同時也有著無比的熱忱，一起為中華民國台灣的科技教育播下希望的種子，相信在不久後即能發芽茁壯，為社會帶來更大的福祉。

郭台銘

發行人

2019.04.08

With the advancement of the information revolution, the appearances of computer, the Internet, and smartphone have dramatically changed the way we live. Now I think that even a bigger change, paradigm-shift, is about to be driven by AI. What is a paradigm-shift? It can be explained by using a carriage and an automobile as an example.

隨著資訊革命的演進,電腦、網路和智慧手機的出現,正在大大地改變我們的生活方式。時至今日,我認為更重大、典範轉移,將因為人工智慧而催生。什麼是更重大、革命性的改變?我們可以用馬車和汽車作為例子來解釋:

Which one would win?

Today, if people are asked a carriage or an automobile which one can create more value, people will answer that it is an automobile. However, if the same question was asked 100 years ago, people's opinions were divided. At that time, automobiles were just introduced to the world, and their value was not well understood.

今天,如果人們被問到,馬車或汽車何者可以為我們創造更多的價值?人們一定會說是汽車。然而,如果我們在 100 年前提出同樣的問題,人們的答案會是分歧的。因為那時汽車才剛剛問世,人們還不是很清楚它們所能創造的價值。

Fifth Avenue, New York

1900　　　　　　　　1913

In 1900, only carriages were passing through the New York 5th Avenue, and there were almost no automobiles. However, just after 13 years, only automobiles were traveling through the Avenue, but no carriages. A dramatic change occurs in people's life in a short period of time, this is a paradigm-shift.

在 1900 年，只有馬車穿梭在紐約的第五大道上，路上幾乎沒有汽車。然而，僅僅 13 年後，卻只有汽車行駛在第五大道上，已經完全看不到馬車的身影。人們的生活在短時間內發生了巨大的改變，這就是所謂的典範轉移。

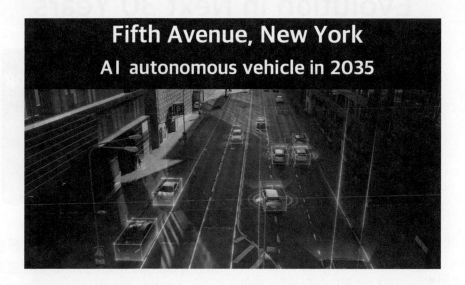

I predict that within decades AI powered autonomous vehicles will be passing through the New York 5th Avenue.

我預測，在幾十年內，通過紐約第五大道的大多數車輛將是人工智慧操控的自駕車。

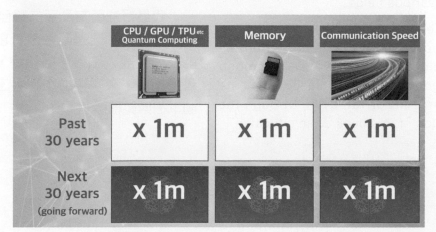

The 3 main elements of computing, CPU, memory, and communication speed, have evolved their performance by 1 million times in the past 30 years, and I believe those elements will evolve 1 million times more over the next 30 years.

在過去三十年，計算機的三大要素：CPU、記憶體和通訊速度，其性能已經提升了一百萬倍，而我也相信這些要素在未來的 30 年內，將再發展超過現在的一百萬倍。

Evolution in Next 30 Years

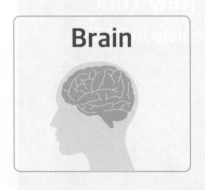

Today, there are arguments about whether AI can really exceed human brain, but this may be similar ones about "a carriage or an automobile" 100 years ago. However, with the technological evolution in the next 30 years, performance of AI will surpass human brain in various fields.

My best friend and business partner, Terry Gou, aims to create opportunities for more people to touch AI early through higher education, and to accelerate the paradigm-shift driven by AI, through the publication of this book as an educator.

今天，人們議論著人工智慧是否真的可以超越人類的大腦，但這或許就跟 100 年前的「馬車或汽車」例子類似。隨著未來三十年的科技迅速發展，人工智慧的表現勢必將會在多種領域超越人類的大腦。

我最好的朋友及商業夥伴 Terry Gou（郭台銘），透過高等教育創造更多人能及早接觸人工智慧的機會，並透過本書的出版，來引領並加速人工智慧所推動下的典範轉移。

It is neither Terry nor I who can fully enjoy the benefits of AI but you, the readers of this book. What should we do before those big changes driven by AI? How do you use AI to help people and the society? This book will provide the basis for thinking about that. If you understand it well, you could see the future. Not only that, if you obtained the full knowledge of this book, you may be standing on the side of creating the future. If this book brings the chance to you, and we could contribute to the further development of human beings together, I could not be happier.

能夠充分享受到人工智能帶來的好處的人，不是 Terry 和我，而是這本書的讀者，也就是您。在人工智慧帶來許多重大改變之前，我們應該做些什麼？而您又該如何運用人工智慧來幫助人們及社會？這本書將提供您思考的基礎。如果您理解得很好，您將能看到未來無限的可能。不僅如此，如果您掌握了本書的全部知識，您將可以加入創造未來的行列。如果這本書為您帶來了契機，且我們可以共同為人類的進步發展做出貢獻，我將感到無比高興。

Masayoshi Son
SoftBank Group
Chairman & CEO, SoftBank Group Corp.

孫 正義

軟銀集團股份有限公司
法人代表董事長兼總裁

人工智慧在全球蓬勃發展,與人工智慧有關的可能性不斷地在我們生活中發生。高中階段的學子現在就處於人工智慧的世界,未來則會面對更多新興科技、應用、或產業。在這個階段增加人工智慧的基礎概念,不僅與生活環境契合,同時也可以提升自我能力,為未來發展建立厚實基礎。

人工智慧過去談得很多,但並未有系統性的整理與解析,片面與破碎的概念就像是散亂的拼圖,想學習的同學往往不得其門而入。這本人工智慧高中補充教材就像人工智慧拼圖,有系統地整理人工智慧基本知識,完整呈現在同學們面前,引發大家的學習興趣,以達到事半功倍的學習效果。

本書的內容規劃循序漸進,由人工智慧基本技術到最新的深度學習技術,以及在圖像、視頻、語音、音樂、文字等面向上的生活化應用。從知識發現、自我創作、到未來世界,就像是新世代科技歷程的介紹,透過人工智慧加速器,讓社會生活演化速度加快。本書由淺入深、由基礎到進階,教師可依不同背景與教學進度,自由做彈性的選擇。學生可以運用所學基本人工智慧,培養提升邏輯與思維能力。

這本屬於台灣高中補充教材的《人工智慧導論》,從發想、構思、設計、編輯到出版,在成就這本書的過程中充滿了許多感謝。首先感謝郭台銘董事長登高一呼與各方面的支持、編輯委員會的寶貴意見、參與本書撰寫教授們的辛勞與貢獻、出版社的專業等,讓本書可以順利產出。我們期許人工智慧的概念能夠透過高中教育向下扎根,讓更多人更有意識地融入人工智慧新世代!

陳信希

國立臺灣大學資訊工程學系特聘教授
國立臺灣大學人工智慧研究中心主任
科技部人工智慧技術暨全幅健康照護聯合研究中心主任

　　自 1950 年代至今，人工智慧（AI）發展已經歷經幾次起伏。但近五年來，人工智慧在深度學習（Deep Learning）的技術突破，已經在影像辨識、自然語言處理、與語音識別展現令人驚艷的成效，各界對於人工智慧在自動駕駛、精準醫療、工業控制的應用無不引頸期待。2019 年全球人工智慧產業產值預估將達到 1.2 兆美元。

　　因應人工智慧對於世界可能產生的巨大衝擊，教育部也研擬將人工智慧內容納入正式課綱。人工智慧的影響將不只於高中小學教育，對於大學教育與未來就業市場也勢必有重大影響。現在台灣人工智慧教育正要起飛，但現有的師資跟教材，似乎還有資源缺口。感謝鴻海董事長郭台銘登高一呼，也感謝台灣人工智慧專家們能聯手編寫，一起推出這本從台灣角度出發的教材，為台灣人工智慧知識向下扎根做出貢獻，令人深為感動。

　　這本書以平實的方式來說明人工智慧，以及神經網路這個重要技術。並以圖像識別、視頻識別、語音識別、自然語言處理、知識發現、生成模型與創作與強化學習來揭開人工智慧技術的面紗。最後的未來世界章節也開啓了無限想像空間。瞭解人工智慧的發展與技術，不僅止於知識的追尋，也希望透過學習來幫助自己認識未來、開闊世界觀、賦予自己無限的可能。

郭大維

國立臺灣大學資訊工程學系特聘教授
暨高效能與科學計算技術研究中心主任

　　人工智慧就是利用人的計算邏輯方法來創造與執行人所不能夠重複做的事情。在人類的傳統行為裡，我們在做邏輯上的分析判斷與執行時，會根據個人經驗和不同的環境有所改變，但如果要完成符合一致性和精密性的判斷，執行的方法和工具則需要有系統性，而人類有情緒化和個人喜好的情況容易導致結果的不同，造成誤差。人工智慧用系統化的工具和演算法可以完成邏輯式的決策，把數據的來源經過語音或是影像識別判斷成邏輯性的決策，轉成讓受眾容易接收的資訊，譬如用手機拍攝形狀、動物、葉子、水果、產品，就會辨識與學習。因此人工智慧在談的就是認知科學。

　　那麼，為什麼人工智慧需要從高中或是更早時期開始學習呢？因為這樣的思維可以讓學生們很早認識到大數據環境與 5G 的時代中，數據的來源性越來越多，多到已經超過人類傳統上可以辨識的能力，所以我們需要了解人工智慧的工具、演算法如何使用在形象識別、語音辨識、自動化，或是日常生活裡常發生的狀況中，幫助人們可以更快、更準確地做出認知與決策。未來的社會與工業發展趨勢，會更走向混合式感測器、混合式網路，譬如自動駕駛，車輛並不只是單靠一個車上的感測器，還會和路上感測器、周邊感測器及衛星互動，因此可以把整個感知生活圈擴大，超越傳統車輛可以到達的境界。對於人類也是，可以讓我們從不懂的世界向外擴大，就像我們到了博物館，對於很多名畫背景不瞭解，如果結合人工智慧識別來源，不只可以瞭解名畫的歷史，還有機會知道其他藝術家對此畫的評價，讓我們可以更快進入學習狀況，這樣的技術能夠讓年經學子擁有更多快速學習的能力，除了藝術，同樣在生物、數理、化學也可以做這樣的快速學習，增加知識創造的能力。

　　這本書希望可以協助學生與老師們更加瞭解未來在大數據與 5G 人工智慧的時代裡，如何學習方法跟使用工具去創造更多的新知識，讓我們的生活與社會更美好。

李傑

富士康工業互聯網副董事長

近年來，人工智慧技術發展速度之快，大大超出人們的認知和預期，並且已在一些特定領域超越人類能力的極限。未來，它將有機會重新定義工作的意義及財富的創造方式，重塑目前的經濟秩序，甚至改寫全球商業勢力的格局。

面對即將來臨的人工智慧時代，人們應該有意識地儲備相關知識，以便應對新興技術所帶來的變革和挑戰。尤其是正在求學之路上的青年學子們，更應把握時代脈搏，儘早開始學習人工智慧領域的相關知識。

這本書是一部優質的人工智慧入門教材，從神經網路基礎架構講起，直到如今的新興熱門技術發展，由淺入深，娓娓道來。同時用通俗易懂的語言闡述了圖像識別、影片識別、語音識別、自然語言處理等技術的概念、實現及應用。

希望每一位閱讀本書的同學，都對人工智慧未來的巨大潛力獲得啟發。

李開復

創新工場董事長暨首席執行官

目錄

目錄

動手操作看看吧！互動平台：https://ai.foxconn.com/textbook/interactive

CH **01**

AI不過就是問個好問題

認識AI

蔡炎龍　國立政治大學應用數學系副教授
　　　　經歷：美國加州大學電機數學博士

吳信輝　富士康工業互聯網學院副院長

本 章 架 構

FOXCONN Ai

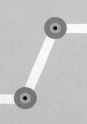

想要做好人工智慧，關鍵在於要很會觀察、很會問問題。所謂的「問問題」，是要問出一個如果知道答案可能會對我們自己，甚至對所有人，都很有幫助的問題。舉例來說，我們可能會關心像這樣的問題：

- 明天我們學校的最低氣溫是幾度？
- 我拍到一張鳥的照片，我想知道這隻是什麼鳥？
- 一個月後我們家要一起去日本玩，我想知道哪一天的日幣是最便宜的？
- 我想做一個可以陪我聊天的對話機器人！

其實，只要多觀察、多思考，就會發現很多有意思的問題。這本書就是要介紹怎麼用人工智慧的方法來解決這些問題。

這裡有一個關鍵，就是必須把問題化成**函數**（function）的形式。這裡的函數就是數學上的函數，但是不用擔心，函數其實是很可愛的。接下來，我們就從如何把問題化為函數開始，帶領各位一步步進入人工智慧的天地！

 1-1 把問題化為函數

函數，簡而言之，就是輸入一個東西，然後得到一個輸出。如此而已！

現在，我們來練習如何把前面提到的問題化成函數的形式。

 明天我們學校的最低氣溫是幾度？

這個問題很實用，這樣我們才知道明天有多冷、要不要多帶件外套。把這個問題化成函數，最簡單的方式可能是像圖 1-1 的函數。

輸入　→　f　→　輸出

日期　→　f　→　當天我們學校的最低溫度

◈ 圖 1-1　「明天我們學校的最低氣溫是幾度？」的函數形式

找出這個函數，就可以知道明天學校的最低溫度了。雖然這不是建構函數最好的方式，但讓我們先把重點放在為什麼問「最低溫度」而不是「明天的溫度」。答案很明顯，因為在一個函數中，一個輸入只能對應一個輸出。每天的溫度並不是固定的數值，而是會上下變動的，所以只能問「最低溫度」了。

當然，要更合理地符合我們的需求，還要限制輸出是「日期 x 當天上課時間的最低溫度」，否則，最低溫若是出現在半夜，和我們就沒有那麼大的關係了。因此，為了要把問題化成一個函數，就需要稍微設計和修改一下，讓問題更符合我們的需求。

 我拍到一張鳥的照片，我想知道這隻是什麼鳥？

這次建構函數的方法很簡單，就是輸入一張鳥的照片，然後輸出那隻鳥的名字。如圖 1-2 所示。

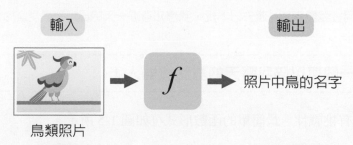

◈ 圖 1-2 「我拍到一張鳥的照片，我想知道這隻是什麼鳥？」的函數形式

這裡，我們要用電腦打造一個「函數學習機」去學這個函數。但是電腦接受的輸入或輸出必須是一個數字或一堆數字，例如向量或矩陣，所以，即使輸入的是照片，我們也要想辦法將它化成數字，否則電腦無法處理。鳥的照片是數位照片，這比較容易處理，因為數位照片基本上就是一個很大的矩陣，可以化為一堆數字。

但是像「台灣藍鵲」、「台灣紫嘯鶇」、「五色鳥」……，這些鳥名是文字，不是數字，要怎麼處理呢？那麼我們就給它一個數字，比方說「台灣藍鵲」是 1，「台灣紫嘯鶇」是 2，「五色鳥」是 3。我們要做的就是一個簡單的變換，讓電腦更容易學習。這裡我們先了解一件事，雖然要讓函數處理的東西不是數字，但是對函數來說並不是太大的問題，只要把它變成數字就好。

 一個月後我們家要一起去日本玩，我想知道哪一天的日幣是最便宜的？

我們比照第一個問題，建構出如圖 1-3 的函數。

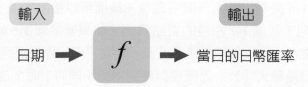

◈ 圖 1-3 「一個月後我們家要一起去日本玩，我想知道哪一天的日幣是最便宜的？」的函數形式一

如此一來，就可以看未來任何一天的日幣匯率。這個函數看起來似乎很合理，但其實是不太好的建構方式，因為輸入資料（日期）幾乎沒有任何可以推論出輸出結果（日幣匯率）的資訊。所以，我們應該換個方式問問題，例如，前幾天的匯率可以提供一些線索，假設 x_t 是第 t 天的日幣匯率，則這一題的函數建構方式可改成如圖 1-4 所示。

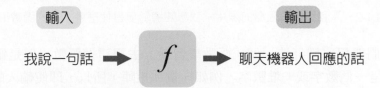

輸入　x_{t-5}, x_{t-4}, x_{t-3}, x_{t-2}, x_{t-1} → f → **輸出**　第 t 天的日幣匯率 x_t

◈ 圖 1-4 　「一個月後我們家要一起去日本玩，我想知道哪一天的日幣是最便宜的？」的函數形式二

 我想做一個可以陪我聊天的對話機器人！

這個問題很有挑戰性。最簡單的函數形式可如圖 1-5 所示。

輸入　我說一句話 → f → **輸出**　聊天機器人回應的話

◈ 圖 1-5 　「我想做一個可以陪我聊天的對話機器人！」的函數形式一

這裡有個很大的問題，就是「我說的話」或「聊天機器人回應的話」都不會是固定長度，但是函數輸入和輸出的維度必須是固定的。事實上，聊天機器人是用了如圖 1-6 的簡單方式來表示成函數。

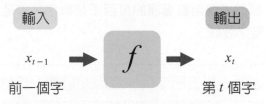

輸入　x_{t-1} → f → **輸出**　x_t

前一個字　　　　　　　　第 t 個字

◈ 圖 1-6 　「我想做一個可以陪我聊天的對話機器人！」的函數形式二

但是，依照圖 1-6 來看，輸入一個字之後，後面可以接的字並不是固定的，所以這根本不是一個函數啊！以圖 1-7 左邊的對話為例，如果套進圖 1-6 的函數中，結果應該如圖 1-7 的右邊，輸入「今」會對應到「天」，輸入「天」會對應到「天」，輸入「天」會對應到「氣」，但是輸入「天」怎麼會對應到兩個不同的字呢？這顯然不是函數！

◈圖 1-7　左圖為實際對話，右圖為聊天機器人的函數形式

　　但事實上，聊天機器人很流行這種作法，它們大多使用一種叫**遞歸神經網路**（Recurrent Neural Network，簡稱 **RNN**）的方式運作。我們建構的函數學習機實際上還偷偷輸入了「上一次的狀態」，也就是說，真正的函數是設計成如圖 1-8 所示。第 2-5 節探討 RNN（遞歸神經網路）時，會再詳細說明。

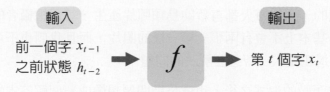

◈圖 1-8　聊天機器人的實際函數形式

1-2 函數是一個解答本

　　問了一個有意思的問題之後，為什麼一定要把它化成一個函數呢？其實，函數的本質就是一個「解答本」，也就是說，只要找到那個函數，就可以按圖索驥，找到對應問題的解答本。

　　一個函數是從一個集合 X 到另一個集合 Y 的對應關係，X 稱為定義域，Y 稱為值域。這項對應要符合兩個條件：第一是 X 裡面所有的元素一定都要對應到 Y 裡面的元素；第二是 X 裡面所有的元素只能對應到 Y 裡面的某一個元素。如圖 1-9 所示。

　　例如，在鳥類辨識的範例裡，輸入的集合是鳥的照片，所以定義域 X 就是所有鳥類照片的集合，也就是說，定義域 X 其實就是「所有可能問題」的集合。同樣地，值域 Y（亦即輸出的集合）是所有鳥名稱的集合，也就是「所有可能答案」的集合。如果找到這個函數，就等於有一個「鳥類辨識解答本」。前面提過，函數有兩個條件必須符合。首先，輸入任何一隻鳥的照片，必須要有一個對應的名稱出來；再者，一張鳥的照片只能對應到一種鳥的名字。這才叫做解答本。

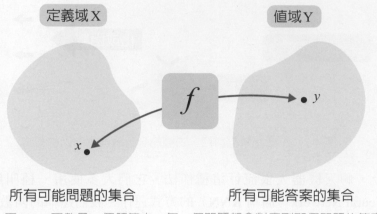

定義域 X
值域 Y

f

y

x

所有可能問題的集合
所有可能答案的集合

◈ 圖 1-9　函數是一個解答本，每一個問題都會對應到那個問題的答案

　　從這個例子，可能會聯想到另一個問題，那就是「所有可能問題的集合」定義域 X 我們本來是不知道的，因為每天都有新的鳥類照片產生，每個拍攝者的器材、角度、光線等等都不一樣，基本上不會有兩張一模一樣的照片，而且我們也不可能一開始就收集到所有的可能性。這正是人工智慧要解決的問題。

　　把問題轉換成函數的形式之後，也就是把問題想像成一個解答本的形式之後，接著就需要去建構這個解答本。在鳥類辨識的例子裡，我們收集很多鳥的照片，同時也要知道這些鳥的名稱是什麼。這些已經知道答案的鳥類照片就是「考古題」，更正式的名稱叫做「歷史資料」。

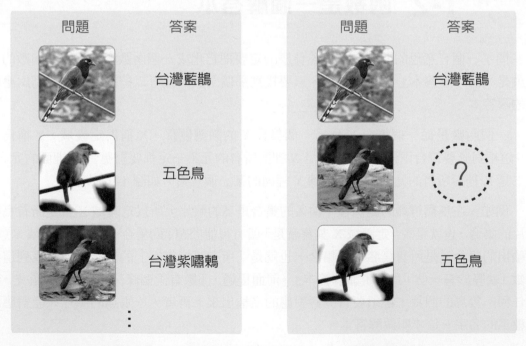

問題	答案	問題	答案
	台灣藍鵲		台灣藍鵲
	五色鳥		？
	台灣紫嘯鶇		五色鳥

◈ 圖 1-10　收集鳥類照片的歷史資料，建構完整的解答本
（圖片來源：台灣藍鵲 - 攝影者 Zline - https://www.flickr.com/photos/zline-r/8575162024/；
五色鳥 - 攝影者 Zline - https://www.flickr.com/photos/zline-r/8572318194/
台灣紫嘯鶇 - 攝影者 Winny Chiang - https://www.flickr.com/photos/60105757@N07/11081432844/）

但是，不管再怎麼努力收集，我們也不可能找到完整的解答本。所以，把問題轉換成函數的形式以後，可以利用人工智慧的方式，去建構一個「函數學習機」，然後用歷史資料（考古題）去「訓練」它，希望它學會以後，也可以推論出新的鳥類照片。也就是說，完成了函數學習機的訓練，它會幫我們建構好一個完整的解答本。

1-3 用 AI 解決問題的步驟

人工智慧，一般也稱為 **AI**（Artificial Intelligence）。我們整理一下如何利用 AI 解決問題的步驟：

1 先問一個問題

前面討論過，一個問題可能有不同的問法，有時我們不能直接問這個問題，也許需要旁敲側擊，甚至用一點創意來提問。總之，「問一個好問題」是人工智慧最重要的部份，我們也會在不斷問問題的過程中，更清楚什麼是一個好問題。

2 把問題化成函數的形式

這個步驟就是要把問題化成「解答本」的形式。我們必須確定建構出來的真的是一個函數，而且輸入和輸出一定要是一個數字或一堆數字（例如向量或矩陣），如果不是，就需要做一些調整和設計。

3 收集歷史資料

接下來的工作就是去收集「考古題」，也就是已經知道正確答案的歷史資料。如果想利用人工智慧的方法，尤其是深度學習的方式（後面的章節會介紹），就需要收集非常多的歷史資料，上萬筆資料是常有的事。

事實上，我們一開始提出的問題是不是一個「好」問題，也和資料收集的難易度有關。有些問題非常好，但是不可能收集到很多資料。像鳥類辨識的問題，資料收集可能會有點辛苦，但卻是有可能做得到的。

還有一件很有趣的事，就是用人工智慧方法打造的函數學習機，跟你我一樣，會去「背」考古題，也就是考古題中的題目它全部都會，可是沒看過的問題，它會回答得非常離譜。這種情況叫做**過適**或**過度擬合**（overfitting），第三章會再說明。

我們要怎麼知道函數學習機有沒有在背答案呢？方法很簡單，在訓練函數學習機的時候，不要把所有考古題都讓它學，譬如我們只用 70% 的考古題去訓練它，訓練好之後，再用另外 30% 的考古題去測試它是不是真的學會或者只是背答案。前面 70% 用來訓練的考古題（資料）稱為**訓練資料**（training data），後面 30% 用來測試的考古題（資料）叫做**測試資料**（test data）。如圖 1-11 所示。

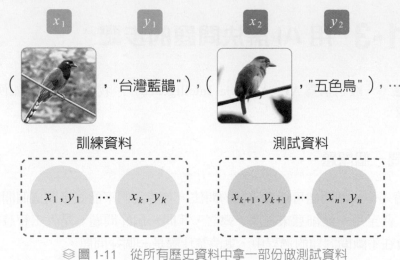

◈圖 1-11　從所有歷史資料中拿一部份做測試資料
（圖片來源：如圖 1-10 之出處）

4　打造一個函數學習機

這個步驟令人興奮，因為我們要用人工智慧中的**機器學習**（machine learning）或是**神經網路**（neural network）等方法來建構函數學習機（圖 1-12）。函數學習機建構好之後，我們還必須訓練它。還沒有「學習」過的學習機，基本上是沒有用處的。當一個學習機設計好之後，會有一些（通常很多）參數需要調整，我們的任務是找到最好的一組參數。

◈圖 1-12　打造函數學習機，學習我們要找的函數（解答本）

我們以簡單的線性迴歸來說明。假設建構出的函數，輸入是一個數字，輸出也是一個數字，從圖形來看像是線性的樣子，就可以考慮用「線性迴歸機」來學這個函數。線性函數的運算式如式 1-1 所示。

$$y = wx + b \tag{1-1}$$

運算式中需要調整的參數是 w 和 b，我們習慣把所有要調整的參數收集起來，設成 $\theta = (w, b)$。一旦參數的數值決定，函數學習機就完成了。例如，決定了 $\theta = (w, b) = (2,3)$，函數就是 $f_\theta(x) = 2x + 3$。我們的目標是要找出最好的一組參數，讓這個函數最接近實際觀察到的現象。

⑤ 學習（訓練）

最後一個步驟是要訓練這個函數學習機。前面說過，我們要調整參數，讓這個函數最接近歷史資料觀察到的東西。當我們決定了一組參數 θ，函數學習機就變成一個函數 $f_\theta(x)$。假設 x_i 是第 i 筆訓練資料，輸入經過學習的函數學習機 $f_\theta(x)$，就會得到答案 $Q_i = f_\theta(x_i)$。我們希望這就是第 i 筆資料對應的正確答案 P_i（$P_i = y_i$），但通常都不會剛好一致，那麼我們就想知道差多少。這個計算函數學習機所學到的函數和真正訓練資料裡差異有多少的函數，叫做**損失函數**（loss function），功能是用來計算誤差。依我們的需求，可以有不同計算誤差的方式，最常用的是如式 1-2 的公式。

$$L(\theta) = \sum_{i=1}^{n} \left(\overline{P_i Q_i} \right)^2 \tag{1-2}$$

其中，$\overline{P_i Q_i}$ 代表從 P_i（正確答案）到 Q_i（函數學習機的答案）之間的距離。

1-4 AI 和人還是不一樣

人工智慧的種種可能似乎不是那麼難理解，這是否讓你感到興奮？還是對人工智慧可能會取代人類有點擔心？抑或對於看起來有點簡單的人工智慧仍有許多限制而感到失望？

有幾個問題可以稍微思考一下。前面一再強調，人工智慧的關鍵在於能不能問一個好問題。當我們把一個好問題化為函數之後，就會用 1-3 節介紹的機器學習以及之後會探討的神經網路，打造出一個函數學習機，把我們需要的函數建構起來。老實說，這些技術的核心大概在 1980 年代就已經存在，之前有一度大家認為這些技術很有希望，但為何沒有像現在這樣的熱潮呢？

Facebook 人工智慧研究院的首席科學家楊立昆（Yann LeCun）認為，之前人工智慧（尤其是神經網路）失敗的原因大致有以下幾點：

➔ 複雜的軟體
➔ 電腦計算能力
➔ 大量的數據

這些問題現在都已大幅改善，許多工具的推出，使得編寫人工智慧程式不再那麼困難；現代電腦的計算能力大大提升，甚至手機都比以前的電腦強；許多公司、機構都有大量的數據，也有足夠的硬體能快速處理它。

人工智慧的確有非常多的可能性，人們想像力越高，人工智慧就有越多種可能。那麼，是不是要擔心未來人類的工作會被取代呢？當然，未來會有許多工作消失，有很多現在由人類在做的事，以後可能會變成由電腦或機器人來做，這是必然會發生的。但想想，就算沒有人工智慧出現，也有許多工作隨著時代不斷地消失，卻也有許多新的工作機會出現。

電腦目前還不太能幫我們做的至少有兩件事：

➔ 電腦無法像人一樣提出一個好問題
➔ 電腦無法自動打造一個函數學習機

尤其是，萬一解決問題失敗，電腦也無法像人類一樣去思考如何改進。

另一方面，這種「找到適合函數」的思維，似乎還有些複雜問題無法輕易完成，人工智慧還是有些限制。只是，就算是在這樣的限制下，依然存在著許多對人類非常有幫助的應用，未來也會有更多有趣的應用出現。專家們還在努力要做出像哆啦 A 夢一般的全能型人工智慧，但對於何時會出現這種人工智慧的時程卻有不同的意見，有些認為要十幾、二十年，有些認為也許這輩子還看不到！

1-5 經典機器學習演算法

機器學習領域中的分類與分群問題

在現實生活中，人類一直不斷在做資訊搜集、分類與決策的工作：早上起床要決定穿什麼衣服、吃什麼早餐；上班、上學時，要根據交通狀況決定採用哪一種交通工具。也就是說，在我們的生活中，要時時跟資訊作戰，才能做出最好的決定。任何資訊都可以依據某些準則區分為不同的類型或群體，例如，數學科的考題可以依據題目的難易程度區分為簡單的、普通的、困難的。在機器學習的領域中，則會依據問題的目的和資料的細節區分為**分類**（classification）與**分群**（clustering）的問題。

在機器學習的領域中，分類問題被定義為：將未知的新訊息歸納進已知的資訊中。在日常生活中，我們也常會將周遭的東西進行分類。例如，生物可區分為動物、植物、微生物等。若以脊椎動物為例，獅子會被分類為哺乳類，鱷魚被分類為爬蟲類，如圖 1-13(a) 所示。機器學習領域中的分類問題，重點在於新的資料和已分類的資料互相比較，看看新資料在分類過的資料中，和哪一類資料比較類似。

而分群問題就是一群資料中沒有明確的分類或群體，而是必須透過它們所具有的特徵做區分。分群的基礎在於要根據可以區分出兩種群體的特徵來分群。那麼，分群特徵是什麼呢？以田徑隊選拔隊員為例，假設某班級的同學目前沒有人進田徑校隊，田徑隊教練來到班上進行徵選，希望能找出一批跑得快又適合田徑隊的同學，教練可以用什麼方式將班上的同學分為跑得快和跑得慢的兩群呢？教練可以用「跑 100 公尺的秒數」與「體脂肪率」兩項特徵做區分，因此得到圖 1-13(b)，從圖中可以看到圖形的分布似乎被分為兩群。

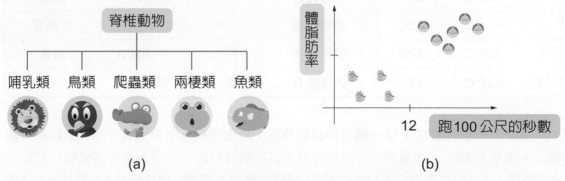

◈圖 1-13　(a) 分類問題範例；(b) 分群問題範例

分類問題的前提，就是要有明確的分類存在，例如：田徑校隊、非田徑校隊。在機器學習的領域中，我們將分類的結果稱為**標籤**（label），如果用函數來表示，就是 $Y_{Label1} = f_1(x_1, x_2, \cdots, x_n)$，$Y_{Label2} = f_2(x_1, x_2, \cdots, x_n)$ 等。函數中的 $x_1, x_2, \cdots, x_n$ 稱為**特徵**（features）。分類的問題就是要建立這樣的函數，將不同的分類歸納出來。

監督式機器學習與非監督式機器學習

延續前面分類與分群的問題，簡單來說，機器學習就是透過機器來學習。機器要學習什麼？就是學習人類分析資訊的能力。人類分析資訊是透過資訊本身去學習，也就是經驗歸納、推理，進而做出判斷。因此，機器學習的演算法必須藉由有效的資料作為學習來源。但什麼是有效的資料？

人類從出生之後，就不斷地透過眼睛、耳朵、鼻子、嘴巴等感官在學習，時時刻刻不間斷地接收外界的各式訊息，過濾之後經過大腦歸納出相關的規則，例如只要被燙到過一次就會牢記燙的東西不要碰。又例如，使用英文單字卡反覆記誦來記住英文單字。也就是說，大腦歸納出的規則層級是從低階（從經驗歸納而來）到高階（透過已有的系統性資料來學習）。

機器學習領域中，依據分類與分群的問題，可進一步區分為**監督式學習**（supervised learning）與**非監督式學習**（unsupervised learning）。下面以披薩外送店的例子來看分類與分群、監督式與非監督式學習的差異所在。

有一家披薩外送店，為了了解所賣出去的披薩被客人接受的程度，從烘烤披薩到外送的過程，每個步驟都做了詳細的記錄，如表 1-1 所示。

表 1-1 披薩烘烤外送紀錄表（分類範例）

編號	烤箱溫度	烤箱濕度	烘烤作業人員	購買時段	外送人員	顧客評價
1	123°C	23%	烘烤員 A	下午	外送員 A	滿意
2	126°C	23%	烘烤員 B	晚上	外送員 B	不滿意
3	124°C	25%	烘烤員 B	下午	外送員 B	不滿意
4	122°C	23%	烘烤員 A	下午	外送員 A	滿意
5	124°C	26%	烘烤員 B	下午	外送員 B	不滿意
6	124°C	22%	烘烤員 A	晚上	外送員 A	滿意
7	127°C	23%	烘烤員 B	晚上	外送員 A	?

如果把「顧客評價」這一欄當作目標欄位，也就是機器學習領域中的分類結果「標籤」，則烤箱溫度、烤箱濕度、烘烤作業人員、購買時段、外送人員等其他欄位可以當做「特徵」。這個調查表中，「顧客評價」欄位已經有 6 筆資料標註結果，分類標籤為「滿意」和「不滿意」，第 7 筆則還沒有收到顧客的評價。利用機器學習的演算法，可以預先判斷第 7 筆顧客評價可能屬於哪一種分類標籤，這就是機器學習領域中，建立機器學習演算法的最後一個步驟——**預測**（prediction）。這個例子所使用的機器學習演算法屬於「分類」方面的演算法，分類的演算法都稱為監督式學習。

如果只看表 1-1 中欄位「烘烤作業人員」與「顧客評價」的關係，烘烤員 A 得到的顧客評價都是滿意，烘烤員 B 得到的顧客評價都是不滿意，可以很明顯地看出「滿意」及「不滿意」這兩類跟烘烤員有非常直接的關係，也就是說，烘烤員直接影響了顧客的評價結果。

若只挑選表 1-1 中「烤箱溫度」與「烤箱濕度」這兩個欄位，由於這兩欄的數值都是數字區間型態，因此可以依據這些數字畫出一張有兩個變數的平面圖，如圖 1-14(a) 所示。

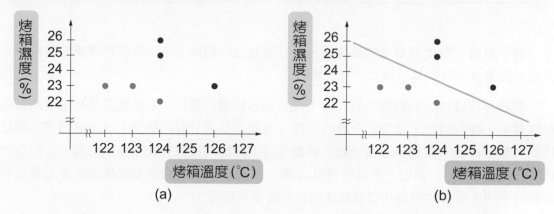

◈圖 1-14　(a) 以兩個欄位（特徵）做出的 XY 散布圖；(b) 加上線性分類器

從圖 1-14(a) 來看，藍色圓點代表的是被顧客評價為滿意，紅色圓點代表的是被顧客評價為不滿意，從圖中可以看出「滿意」與「不滿意」兩類分布在兩個範圍，這時可以用一條線來區分這兩個分類，如圖 1-14(b) 中的綠線。這種分類方法稱為**線性分類器**（linear classifier）。

如果只考慮兩個欄位（特徵），則線性分類器是位在平面上的一條直線。如果考慮三個欄位，就有三個特徵，則會建立起一個三維的立體空間，那麼線性分類器就會變成一個平面，這個平面在機器學習領域中稱為**超平面**（hyperplane）。超平面在 n 維空間中是 $n-1$ 維的子空間，如圖 1-15 的範例圖。特徵的數目與特徵的表現方法如表 1-2 所示。

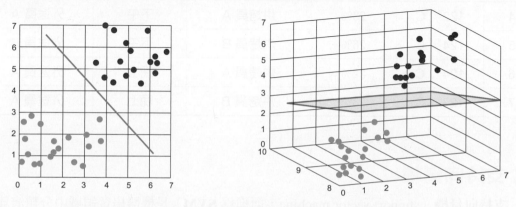

超平面（Hyperplane）在 n 度空間中就是 n−1 維度子空間

◈圖 1-15　超平面範例圖：(a) 超平面在二維空間中是一條直線；(b) 超平面在三維空間中是一個平面

表 1-2　特徵數目與表現方法

特徵數目、維度	特徵的表現方法
2 個特徵，2 個維度	平面
3 個特徵，3 個維度	立體
多個特徵，多個維度	無法用圖形表示出來，必須以數學方程式表示

　　為了有效了解機器學習的演算法，所有演算法的範例大多以兩個特徵或三個特徵來表現，讓讀者可以對基本概念一目了然。

　　假設在披薩外送店的調查資料中，沒有顧客評價的欄位，但是老闆想知道他的披薩有沒有不一樣的地方，這屬於分群的問題。前面介紹過分群的概念，以披薩為例，就是將一些類似特徵的披薩集合在一起，看看分成不同群的披薩究竟在哪些特徵上有明顯的差異（如表 1-3）。例如，都是烘烤員 A 製作的披薩，在烤箱溫度或烤箱濕度上是否有明顯的不同。分群的機器學習演算法稱為非監督式學習。

分類的機器學習演算法稱為監督式學習，分群的機器學習演算法稱為非監督式學習。

表 1-3　披薩烘烤外送紀錄表（分群範例）

編號	烤箱溫度	烤箱濕度	烘烤作業人員	購買時段	外送人員
1	123°C	23%	烘烤員 A	下午	外送員 A
2	126°C	23%	烘烤員 B	晚上	外送員 B
3	124°C	25%	烘烤員 B	下午	外送員 B
4	122°C	23%	烘烤員 A	下午	外送員 A
5	124°C	26%	烘烤員 B	下午	外送員 B
6	124°C	22%	烘烤員 A	晚上	外送員 A
7	127°C	23%	烘烤員 B	晚上	外送員 A

支持向量機

　　支持向量機（support vector machine，簡稱為 **SVM**）是機器學習領域中分類演算法的一種。以兩個特徵為例，兩個維度會形成一個平面，此時可用一條直線，也就是線性分類器，來區分為兩個類別。支持向量機的概念可以想像成這條線的寬帶同時平行向外

延伸，直到分別碰到兩個分類的第一個點為止。這個線性分類器可以移動，也可以**變換斜率**，藉此來找出最大寬度的寬帶。找到兩個分類中距離分類線最近的點之後，這個點到分類線的距離可以用向量來表示，也就是**支持向量**（support vector）。由於要找出最大的寬度，所以這個向量稱為最大的支持向量，而這個線性分類器就稱為支持向量機。以外送披薩店的範例來看，圖 1-16 中，綠色實線就是利用支持向量機方法所得到最好的超平面，綠色實線上下兩條綠色虛線就是這個超平面在兩個分類之中所得到的最大寬度，而 A、B 兩點是這個超平面的支持向量，也就是最靠近這個超平面的資料點。

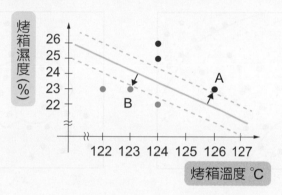

⊛圖 1-16　以披薩烘烤記錄演示支持向量的概念

▶▶▶ 線性分類器與非線性分類器

　　如果遇到無法用線性分類器進行分類的情況，如圖 1-17，無論怎麼調整線性分類器的角度或斜率都無法分類，也無法單單用一條直線或曲線把藍色的分類點與紅色的分類點有效地區分開來，這個時候該怎麼辦呢？

　　線性分類器是二維平面空間中的一條直線（$y = ax + b$），或是三維立體空間中的一個平面；非線性分類器則是二維平面空間中的一條曲線，或是三維立體空間中的一個曲面。假設像圖 1-17 的資料一樣，這時候就需要**非線性分類器**（nonlinear classifier）。

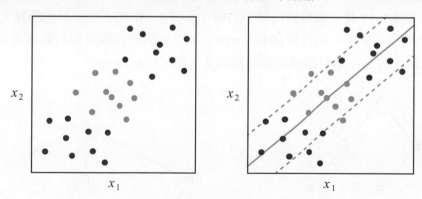

⊛圖 1-17　無法用線性分類器進行分類的分類例子

支持向量機的分類函數稱爲**核函數**（kernel function），核函數可以是線性的，也可以經由數學函數的轉換變成非線性函數，這也是支持向量機比其他分類方法更爲高明的地方。當需要分類的資料特徵越多、維度越高的時候，支持向量機可以透過核函數的轉換，簡化分類的困難度，加上實際應用的效果很不錯，所以支持向量機已經是機器學習領域中非常熱門的一種分類演算法。利用核函數的變化，可以達成需要的分類效果，如圖 1-18 所示。核函數的計算需要更高階的數學，有興趣的話，可以在學到相關的數學工具後再深入研究。

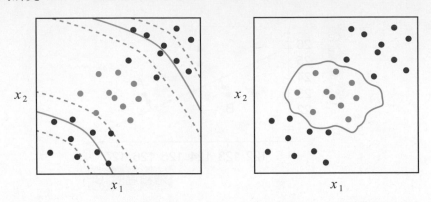

🕮 圖 1-18　不同核函數的差異：(a) 多項式核函數；(b) 徑向基核函數

▶▶▶ 決策樹

　　回想前面那個進行田徑校隊選拔的班級，如果要對這個班級進行分類，可以怎麼分呢？首先，可以依照性別分爲男生和女生，再分別根據是否有通過跑步測驗的結果，繼續分爲通過測驗的和未通過測驗的。如果要再分類，還可以針對通過測驗的同學，依照專長在田賽或徑賽繼續分類。

　　這個班級同學的分類可以用**二元樹**（binary tree）的方式畫出來。**樹**（tree）是電腦科學中一種資料儲存的方式，它除了可以有效率地儲存，在搜尋資料時也可以加快資料搜尋的速度。圖 1-19 是一棵電腦科學中的樹，圖中 A、B、C……稱爲**節點**（node），A 爲這棵樹最起始的節點，稱爲**根節點**（root）。如果樹的每個節點只有兩支以下的分支時稱爲二元樹，分支的數量超過兩個則稱爲**多元樹**（N-ary tree）。

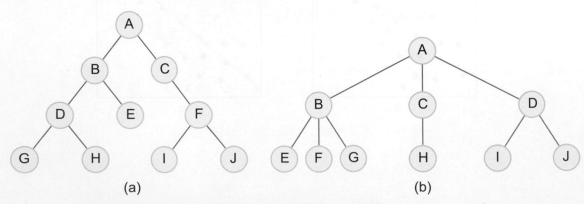

🕮 圖 1-19　(a) 二元樹；(b) 多元樹

決策樹（decision tree）分類演算法借用了樹的階層概念，從最上層的根節點開始，經由分支去做決策，再繼續往下層前進。決策樹跟其他機器學習分類演算法的最大差異是，各個分類特徵經過決策樹演算法的判斷後，就可以變成實際分類的規則。以表 1-1 外送披薩店的例子來說明，將烤箱溫度和烤箱濕度作為兩項特徵，顧客評價作為分類標籤，決策樹會針對每一個特徵進行分類。

假設先以「烤箱濕度」這個特徵做分類，可以得到一個很清楚的規則：當烤箱濕度小於等於 23% 的時候，顧客評價是滿意的；當烤箱濕度大於 23% 的時候，顧客評價是不滿意的，如圖 1-20 所示。

◈圖 1-20　以「烤箱濕度」做分類　　　得到決策樹

這規則看起來很完美，但是一旦用特徵「烤箱溫度」來做分類的話，就會發現好像無法完美地分類，只能列出如烤箱溫度規則一：當烤箱溫度小於等於 123°C 的時候，顧客評價是滿意的，預測正確比例為 2/2；當烤箱溫度大於 123°C 的時候，顧客評價是不滿意的，預測正確比例為 3/4。這個分類結果的整體預測正確率是 5/6。若再列出烤箱溫度規則二：當烤箱溫度小於等於 124°C 的時候，顧客評價是滿意的，預測正確比例為 3/5；當烤箱溫度大於 124°C 的時候，顧客評價是不滿意的，預測正確比例為 1/1。烤箱溫度規則二的分類結果整體預測正確率是 4/6。

要用哪一種特徵進行分類的原則在於使用何種特徵做分類得出的**整體正確率**比較高，這叫做**資訊獲利**（information gain）。由於無法一次就得出整體的預測正確率，所以決策樹的規則需要花很多時間進行比較。透過程式，決策樹演算法經由持續不斷的迭代（iteration）試驗，測試每一個規則算出的正確率，才能得到一個整體正確率最高的結果。

以決策樹的方法計算披薩外送店的顧客評價滿意度，可以得到圖 1-21 的結果。

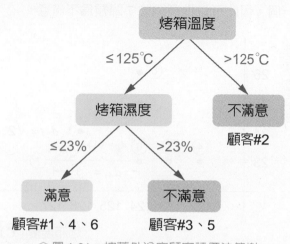

◈圖 1-21　披薩外送店顧客評價決策樹

17

>>> KNN

KNN 的全名是 K-Nearest Neighbor，中文稱為「K 最近鄰居法」，是監督式機器學習中分類演算法的一種。KNN 的主要概念是利用樣本點跟樣本點之間特徵的距離遠近，去判斷新的資料比較像哪一類。KNN 中的 k 值就是計算有幾個最接近的鄰居。

以表 1-1 披薩外送店的顧客評價滿意度為例，以烤箱溫度與烤箱濕度為特徵作分布圖，進行 KNN 的範例推演。在圖 1-22 中，k 值設定為 2，也就是要找最靠近目標編號 7 的兩個點（兩個最近的鄰居），分別得到編號 2 和編號 6。編號 7 和編號 2 的距離是 $d_{27} = \sqrt{2}$，編號 7 和編號 6 的距離是 $d_{67} = 3$。當 $k = 2$ 時，靠近的兩個點落在滿意和不滿意的各有一個，因此無法推測編號 7 是滿意或不滿意。

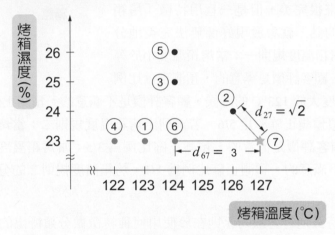

※ 圖 1-22 $k = 2$ 時的披薩外送店顧客評價滿意度之 kNN

當 k 值設定為 3（如圖 1-23），KNN 演算法會去找靠近編號 7 的三個點，分別得到編號 2、編號 3 和編號 6，其距離分別為：$d_{27} = \sqrt{2}$，$d_{37} = \sqrt{13}$，$d_{67} = 3$。當 $k = 3$ 時，距離編號 7 最近且落在不滿意的個數比較多（有編號 2 和編號 3 兩個點），最靠近且落在滿意的點只有編號 6 一個，因此可以推測編號 7 歸類為不滿意。

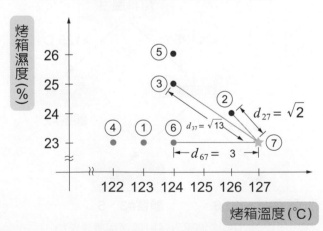

※ 圖 1-23 $k = 3$ 時的披薩外送店顧客評價滿意度之 KNN

　　k 值的設定一般是以奇數為原則，以圖 1-24 為例，拼圖應該分類在星星還是笑臉呢？從圖中可以看到如果有兩個分類時 k = 4 與 k = 11 的差異。當 k = 4 時，距離拼圖最近的物體有 4 個，但星星和笑臉剛好各 2 個，因此無法明確地分類。但是當 k=11 時，距離拼圖最近的物體有 11 個，星星有 4 個，笑臉有 7 個，很明顯地，笑臉的個數大於星星，因此可以很明確地知道拼圖是屬於笑臉的分類。

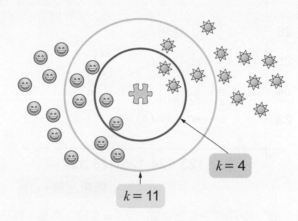

　圖 1-24　KNN 的 k 值設定差異比較

　　利用 KNN 演算法時要注意 k 值的設定，以及分類型態的特徵如何轉換成可以計算的距離。例如，在進行汽車的分類時，將汽車類型作為一項特徵，並且以數字 1、2、3 分別代表轎車、休旅車、廂型車等，數字越大代表該汽車類型越大，以此種方法將分類的特徵轉換成可計算的距離。

≫≫K-平均演算法

　　K- 平均演算法（k-means clustering）又稱為 K-means 分群法，雖然名稱乍看之下跟 KNN 很相似，但 KNN 是屬於分類的方法，k 設定為最近的鄰居數量，而 K-means 是屬於分群的方法，k 設定為分群的群數。KNN 與 K-means 都是利用樣本點間的距離，但 KNN 是找最近的鄰居，K-means 則是找每個分群的重心。

　　以表 1-3 為例，披薩外送店的紀錄表沒有加入顧客評價欄位，我們利用烤箱溫度與烤箱濕度為特徵作 XY 分布圖，來進行 K-means 的範例推演。

 步驟一

假設 $k = 2$，亦即要把所有樣本點分為兩群。演算法會隨機先將所有樣本點分成兩群。如圖 1-25，編號 2、3、5、6 被隨機歸類到第一群，編號 1、4 被歸類到第二群。

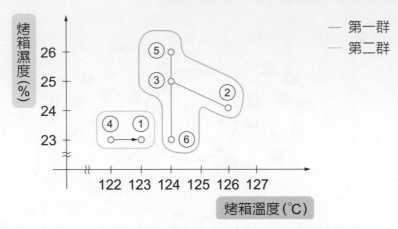

◈圖 1-25　K- 平均演算法步驟一：$k = 2$ 時，將樣本點隨機分為兩群

步驟二

根據初步分群的結果計算各群集的重心，第一群的重心為 A，第二群的重心為 B，如圖 1-26 所示。

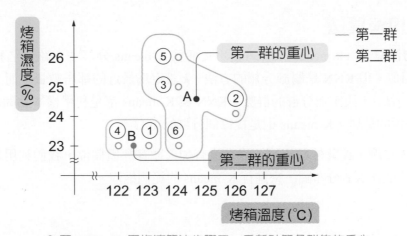

◈圖 1-26　K- 平均演算法步驟二：重新計算各群集的重心

步驟三

　　根據分群重心，判斷各群集內的各點是否需要重新再分群。如圖 1-27，編號 6 的點距離第一群比較遠，距離第二群比較近，因此編號 6 重新歸類到第二群。

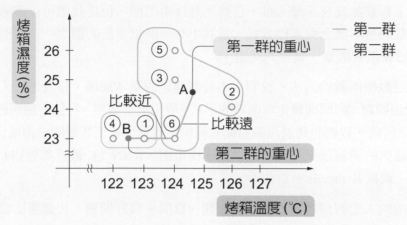

◈圖 1-27　K- 平均演算法步驟三：判斷是否有樣本點需重新分群

　　經過上面的步驟之後，分群結果如圖 1-28 所示。其中，編號 2、3、5 為第一群，編號 1、4、6 為第二群。

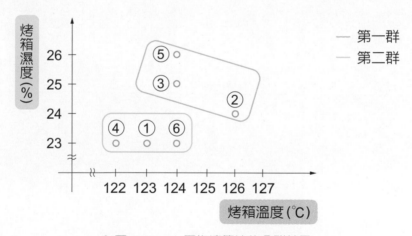

◈圖 1-28　K- 平均演算法的分群結果

在第七章將說明如何把分類及分群的各種演算法應用於「知識發現」上。

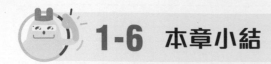

1-6 本章小結

　　人工智慧或 AI 是時下非常熱門的名詞，很多人以為人工智慧很難，就望而怯步。事實上，人工智慧並沒有那麼困難，它雖然有技術門檻，但是我們可以透過正確的方法了解人工智慧的基本概念與運作方式。這其中有一個很重要的觀念——想要做好人工智慧，關鍵在於要很會觀察、很會問問題。

　　本章透過數學函數的方法，說明人工智慧運作的基本原理，以及進行人工智慧的步驟，包括：提出問題、把問題轉化成函數的形式、收集歷史資料、打造一個函數學習機、學習（訓練）。同時，我們也透過淺顯易懂的範例，看到了人工智慧的子領域「機器學習」領域中幾種經典的演算法，有支持向量機、決策樹、KNN（K 最近鄰居法）和 K-means 平均演算法（或稱 K-means 分群法）。

　　雖然目前的人工智慧技術仍無法像人類一樣問一個好問題，也還無法自動打造一個函數學習機，但是現在有許多令人驚豔的人工智慧應用，已經為我們的未來世界開闢了一條美好的康莊大道。

CH **02**

從頭說起

基本的
神經網路架構

蔡炎龍 國立政治大學應用數學系副教授
經歷：美國加州大學電機數學博士

鄭文皇 國立交通大學電子工程學系暨研究所教授
經歷：行政院科技會報辦公室科技計畫首
席評議專家室領域專家

本 章 架 構

FOXCONN® Ai

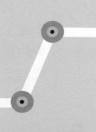

最近人工智慧的熱潮，神經網路可說是重大關鍵之一。這一章要學習神經網路的三大基本架構和原理，現在許許多多的神經網路類型，基本上都是由這三大架構產生的，了解之後就可以用神經網路打造一個很強的函數學習機。

另外，本章還會介紹神經網路是如何「學習」的，也會解答這看來有點神奇的事！

 ## 2-1 神經網路是 AI 的重要技術

當我們要學習函數決定要輸入什麼及輸出什麼的時候，基本上就已經決定了輸入和輸出的「維度」。以第一章的「拍到一張鳥類照片，想知道鳥的名字」為例，我們把一張鳥類照片輸入學習函數，就會輸出一個鳥的名字，鳥類照片和鳥的名字都各是一個變數，輸入不同的鳥類照片，就會輸出對應的鳥類名字，所以輸入是一維，輸出也是一維。如果輸入有三個變數，輸出有兩個變數，就代表輸入是三維，輸出是二維，我們要做的「函數學習機」就像圖 2-1 的示意圖。

$$x_1 \quad x_2 \quad x_3 \quad \Rightarrow \quad f \quad \Rightarrow \quad \hat{y}_1 \quad \hat{y}_2$$

函數學習機

◈ 圖 2-1　輸入是三維、輸出是二維的函數學習機

我們可以用很多不同的方法學習這個函數，例如**迴歸分析**（regression analysis）或是第一章提過的機器學習方法，這裡要介紹的是**神經網路**（neural network）方法。

迴歸分析是一種分析數據的方法，目的是要了解 2 個或多個變數之間是否相關、它們的相關方向與強度如何，並建立數學模型來觀察特定的變數，以便預測我們感興趣的變數。

　**人工神經網路**（Artificial Neural Networks，簡稱 **ANN**）的發想源自於生物神經網路，希望透過模仿生物神經網路的運作方式，讓電腦具備學習及記憶的能力，對新舊事物產生連結，進而做出推理判斷並解決問題。

對於生物來說，神經系統內無數個神經細胞彼此之間交互運作，隨著外在的刺激不斷產生新的連結，使得整個結構愈加完整，最終形成了複雜的神經網路。如此記憶及學習的過程啟發了人工神經網路的發明，在電腦上我們透過大量抽象的人工神經元來建構機器學習的計算模型，在神經元之間建立連結，藉由每一次進行運算的過程及結果對模型本身做出調整與優化，進而實現學習的過程。

最基本的模型中有三個階級，分別是輸入層、隱藏層及輸出層（如圖 2-2）。

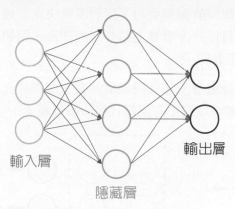

輸入層

隱藏層

輸出層

◈圖 2-2　基本的深度學習模型

 輸入層

輸入層為接受刺激的神經元，就像神經系統中的受器一樣，不同的輸入會觸發不同的神經元，受到刺激的神經元會將訊息往後傳遞下去。

 隱藏層

隱藏層夾在輸入層與輸出層中間，不跟外部有直接的接觸，就像生物的中樞神經系統一般，主要的功能是對所接收到的資料進行處理。一般來說，這個階段會對資料進行某些形式的轉換，並整理所得到的資料訊息，再將得到的結果往後傳遞。

 輸出層

輸出層中的神經元像是神經系統的動器，在接收到傳遞的訊息後特定的神經元會做出反應，其中反應訊號最強的神經元代表的項目就是這些資料辨識得到的結果。

神經網路有一個很大的好處是，它不需要知道原來的函數長什麼樣子，也不需要太多假設，就可以打造一個「神經網路學習機」，需要決定的只有：

1. 要有幾個隱藏層
2. 每個隱藏層分別要有幾個神經元（neuron）

NOTE

人工智慧的神經元就像人類的神經元一樣，接收訊息後，訊息在神經元連結中傳輸、分析，然後形成輸出結果。

假設現在有一個輸入是三維、輸出是二維的函數，我們來看看如何用神經網路的方式打造一個函數學習機。如同前面提到的，我們需要決定有幾個隱藏層、每個隱藏層有幾個神經元。除了這些項目以外，事實上還有一些細節，例如：要用什麼激活函數、學習方式等等，將會在 3-3 節介紹。

假設我們決定用 2 個隱藏層，每個隱藏層都有 2 個神經元，那麼，所打造出的函數學習機會如圖 2-3 所示，圖中每個小圓圈都代表一個神經元。

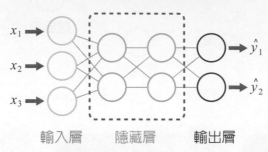

◈ 圖 2-3　有 2 個隱藏層、每個隱藏層有 2 個神經元的函數學習機

這裡有一個重點，就是每一層和下一層是完全連結的，也就是說，某一層的一個神經元都會和下一層每一個神經元相連。例如，圖 2-3 的輸入層有 3 個神經元，這 3 個神經元都分別跟隱藏層第一層的 2 個神經元相連。輸入層和隱藏層的連結就相當於人類的神經元和神經元之間的突觸一樣，負責神經元之間的訊息傳遞。這樣的神經網路稱為**全連結神經網路**（fully connected neural network），是一種傳統的神經網路，所以也稱為標準神經網路，或直接用**神經網路**（neural network）的英文縮寫，稱為 **NN**。

通常，神經網路接收到一筆輸入時，會由輸入層開始，一層一層地傳遞下去，這樣的神經網路稱為**前饋神經網路**（Feedforward Neural Network）。每個神經元的動作基本上都是一樣的，因此才會說只要決定有幾個隱藏層、每一層有幾個神經元就決定了神經網路的架構，換句話說，也就是我們的「神經網路函數學習機」建好了！

既然每個神經元都是一樣的，我們就以第一層隱藏層的第一個神經元來說明這個神經網路函數學習機。如圖 2-4(a)。神經元有一個特性，通常神經元接受的刺激輸入有很多個，而且每個刺激可能都不一樣，但它傳到下一層的任何一個神經元的刺激都是相同的數值。

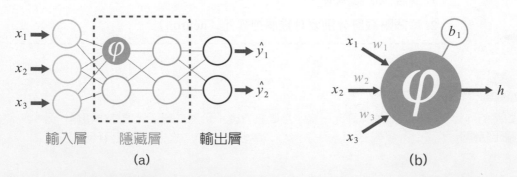

◈ 圖 2-4　(a) 以第一層隱藏層的第一個神經元為例；(b) 一個神經元接收多個數值不同的輸入，但輸出的值是相同的

人類的神經元會接受其他神經元輸入的刺激，依總刺激的大小來決定要輸出多少刺激出去。對比到人工智慧的神經網路，這些刺激的輸入和輸出都是用數值來表示，不同神經元傳來的數值對圖 2-4(b) 這個神經元的重要性不同。在人類的神經元中，重要性越強的連結，它的突觸就會越粗。若要在人工智慧的神經網路上呈現這個效果，我們可以在第 i 個連結上加上一個代表權重的數值 w_i。w_i 越大，表示這是越重要的輸入，反之亦然。現在，我們可以計算這個神經元接收 3 個輸入的總輸入，也就是它所接收到的總刺激了，如式 2-1 所示。

$$w_1 x_1 + w_2 x_2 + w_3 x_3 = \sum_{i=1}^{3} w_i x_i \qquad (2\text{-}1)$$

神經網路中的神經元有些會傳遞，有些不會，為了讓所有的神經元都能被激發，所以我們會把式 2-1 中的總刺激再加上一個**偏值**（bias）b_i 做為調整。因此，真正接受到的總刺激如式 2-2 所示。

$$\sum_{i=1}^{3} w_i x_i + b_i \qquad (2\text{-}2)$$

如果把一個神經元接受到的總刺激直接當成輸出，這樣可不可以呢？在神經網路理論剛開始發展的時候，專家們就是這麼做的，但是大家漸漸發現一個嚴重的問題，就是不管用多少個神經元、用幾層隱藏層，這個函數學習機產生出來的函數一定是線性的。這會發生什麼問題呢？在真實世界裡的很多現象都不是線性的，若是這樣設計的話，會有很多限制。

人類的神經元在接收到很小的刺激時，常會忽略它，接收到極大的刺激時，神經元也不會原原本本地把極大的刺激傳送出去讓人類暴衝。人工智慧的神經網路也是這麼運作的，但我們需要賦予這些刺激一個值。當神經元接收到的刺激很小，小到可以忽略它，就把輸出設定為 0；如果神經元接收到的刺激很大，就把輸出設定為 1；介於這兩者之間的刺激，就設定輸出為 0 到 1 之間的數字。因此，我們可以設計一個**激活函數**（activation function），把總刺激帶入激活函數中，得出真正的輸出。

到這裡，我們已經決定了圖 2-3 的這個神經網路函數學習機有幾個隱藏層，也決定了每個隱藏層有幾個神經元，最後再決定要用哪一種函數作為激發函數，這個神經網路函數學習機就打造完成了。

在這個函數學習機裡，可以調整的參數是代表權重的 $w_1, w_2, \cdots$ 和代表偏值的 $b_1, b_2, \cdots$。請試著把這些參數任意指定數值，這個函數學習機就可以動了！

那麼，這個函數學習機到底要怎麼學，才能學會我們給它的歷史資料呢？

2-2 神經網路的學習原理

　　建構好神經網路函數學習機，接下來就要用已經收集到的歷史資料來訓練它。在 2-1 節中，我們的神經網路函數學習機輸出的答案和正確答案的差距，可以用一個**損失函數**（loss function）來計算，我們以 L 來代表。損失函數 L 的變數是可以調整的參數，在神經網路中就是權重和偏值。我們的任務就是要找到一組參數，使得 L 的值最小，也就是誤差最小。

　　問題是，神經網路的參數其數值通常是成千上萬，甚至是更龐大的數值，要怎麼做才能求出最小值呢？我們先考慮最簡單的狀況，也就是只有一個代表權重的參數 w。做了這樣的假設，我們畫出一個假想的 w 和 L 的函數圖，如圖 2-5 所示。

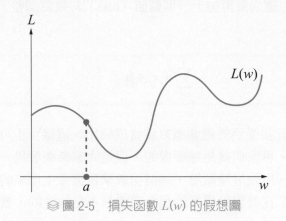

◈圖 2-5　損失函數 $L(w)$ 的假想圖

　　圖 2-5 中，假設 w 的起始值是 a，如果要調整 w 的值讓 L 變小，則 w 應該往橫軸的正向調整，也就是往橫軸的右邊移動，因為在 w 從 a 往右移的時候，L 的值變小，我們用觀察的方式很容易就能得到這個結論。

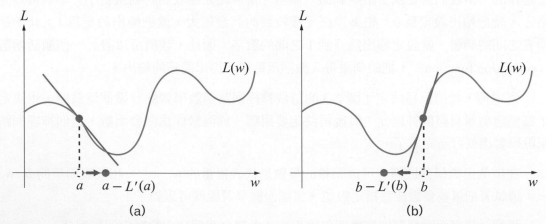

◈圖 2-6　(a) 函數 $L(a)$ 的切線斜率為負，w 往正向移動，L 的值變小；(b) 函數 $L(b)$ 的切線斜率為正，w 往負向移動，L 的值變小

前面提過，L 代表函數學習機的答案與正確答案的差距，L 變小就表示誤差變小。但是，電腦要怎麼看出來呢？

我們以 w 為 a 時對應的函數 L 為切點畫一條切線，如圖 2-6(a)，函數 L 在 a 點的切線斜率 L'(w) 記為 L'(a)，從圖中可看到，斜率 L'(a) 是負的，因此，當 w 以 a 為起點往正向移動時，函數 L 的**斜率是負的**，所以函數 L 的值變小（即誤差變小）。由於曲線上每一點的斜率都不一樣，當 w 以 a 為起點往正向移動時，我們可以將 w 由 a 調整為 a - L'(a)。

⚡——NOTE～～～→

曲線上任一點的斜率可以用微積分裡的微分求出。

w 繼續往正向移動，但過了某一點之後，函數 L 的斜率變成正的，意思是函數 L 的值隨著 w 往正向移動而變大，如圖 2-6(b) 所示。以 w 為 b 時對應的函數 L 為切點畫一條切線，函數 L 在 b 點的切線斜率 L'(w) 記為 L'(b)，因此，當 w 以 b 為起點往正向移動時，函數 L 的斜率是正的，但函數 L 的值變大，也就是誤差變大。這不是我們要的結果。因此，當函數 L 的斜率 L'(w) 是正的，w 必須往負向移動，才能讓函數 L 的值變小，此時，我們可以將 w 由 b 調整為 b - L'(b)。

在同一條曲線上的不同點，斜率都不一樣，有些點的切線斜率是正的，有些是負的，因此在調整 w 時，我們讓 w 往正確的方向移動，但有時會跳過頭，反而使得誤差變大。要解決這個問題，我們可以讓斜率微調就好，也就是在函數 L 上的任何一點 w 時，調整大小從原本的斜率 L'(w)，乘上一個很小的 r，使其變成 rL'(w)，讓 w 更新的方式變成：

$$w \rightarrow w - rL'(w)$$

這個 r 稱為**學習速率**（learning rate）。我們把訓練資料送入這個學習過程，我們的神經網路函數學習機就會漸漸地變得誤差越來越小，當誤差小到可以接受的程度，這個函數學習機就完成學習了！

以上是一個參數的情況。假設現在有 w_1、w_2、b_1 三個參數要調整，為了方便說明，假設損失函數 L 為式 2-4。

$$L(w_1, w_2, b_1) = (2w_1 - 3w_2 + b_1)^2 \qquad (2\text{-}4)$$

式 2-4 參數有點多，看起來有些複雜，要直接畫圖觀察函數的斜率變化似乎有些困難，但我們仍必須試著調整 w_1、w_2、b_1，讓損失函數 L 變小。這裡的秘訣是，可以把三個參數（乃至成千上萬個參數）都看成只有一個參數。

假設目前的 $w_1 = 1$，$w_2 = 1$，$b_1 = 2$。首先，我們把損失函數 L 看成是只有 w_1 一個變數的函數，所以只保留 w_1 當變數，而把 $w_2 = 1$ 和 $b_1 = 2$ 都直接帶入式 2-4 中，損失函數就變成：

$$L_1(w_1) = (2w_1 - 1)^2$$

由於只有一個變數 w_1，所以 w_1 的調整方式如同前面介紹一個參數的情況時所說明的，會變成：

$$w_1 \rightarrow w_1 - rL_1'(w_1)$$

同理，只保留 w_2 當變數，把 $w_1 = 1$ 和 $b_1 = 2$ 直接帶入式 2-4 中，損失函數就變為：

$$L_2(w_2) = (-3w_2 + 4)^2$$

而 w_2 的調整方式會變成：

$$w_2 \rightarrow w_2 - rL'_2(w_2)$$

只保留 b_1 當變數時，把 $w_1 = 1$ 和 $w_2 = 1$ 直接帶入式 2-4 中，損失函數會變成：

$$L_3(b_1) = (b_1 - 1)^2$$

而 b_1 的調整方式會變成：

$$b_1 \rightarrow b_1 - rL'_3(b_1)$$

將 w_1、w_2、b_1 三個變數更新的調整方式彙整寫在一起，就會成為如圖 2-7 所示。

$$
\begin{aligned}
w_1 &\rightarrow w_1 - rL_1'(w_1) \\
w_2 &\rightarrow w_2 - rL_2'(w_2) \\
b_1 &\rightarrow b_1 - rL_3'(b_1)
\end{aligned}
\qquad
\begin{bmatrix} w_1 \\ w_2 \\ b_1 \end{bmatrix}
\rightarrow
\begin{bmatrix} w_1 \\ w_2 \\ b_1 \end{bmatrix}
- r
\underbrace{\begin{bmatrix} L_1'(w_1) \\ L_2'(w_2) \\ L_3'(b_1) \end{bmatrix}}_{\nabla L}
$$

(a)   (b)

圖 2-7 　(a) 多個參數的調整，事實上和一個參數沒有兩樣；(b) 以梯度的符號更簡潔地表示

圖 2-7(b) 中的 ∇L 稱爲**梯度**（gradient）。要簡單理解梯度的意思，我們可以想像一個山坡。山坡的斜度並不是一致的，有的地方比較陡峭，有的地方比較平緩。如果我們在比較陡峭的地方往下走，只要移動一點點，高度就會下降得比較多，我們就說這裡的梯度比較大。實際上，梯度的概念和計算式必須使用微積分，因此深入的計算就不在這裡說明。

從前面說明，我們可以知道，損失函數 L 移動的方向跟梯度的方向相反，因此，如果要讓損失函數 L 最小，就要往梯度的反方向走，這種方式就叫做**梯度下降法**（gradient descent）。由於神經網路調整參數的順序是從後面一層層往前調，所以這種學習法又被稱爲**反向傳播法**（backpropagation）。

2-3 神經網路的三大天王

總結一下目前已經學到的東西。首先，要先把我們的問題化成一個函數。接著，要打造一個函數學習機來學這個函數。本章的函數學習機都是用神經網路的方法去建構的。神經網路最重要的模式只有三種，我們姑且稱爲神經網路的三大天王，這三大天王就是之前介紹過的**標準 NN**（全連結神經網路），以及接下來要介紹的 **CNN** 和 **RNN**。

標準 NN　　　　　　CNN　　　　　　RNN

◈圖 2-8　神經網路的三大天王

不管哪一種神經網路，都是由輸入層、隱藏層、輸出層組成。我們常聽到的**深度學習**（deep learning），是指隱藏層層數比較多的神經網路，但是隱藏層要多到幾層才能叫深度學習，其實沒有統一的標準，通常隱藏層在三層或三層以上的神經網路，就稱爲深度學習。

三大天王中的神經網路各有特色，通常是依它們的特長決定選用哪一種架構。但這不是絕對的，我們永遠可以發揮自己的創意，去建構出一個神經網路學習機。另外，混用不同型式的神經網路也很常見，尤其是標準神經網路，常和別的神經網路一起搭配使用。

以下先簡單介紹各神經網路的特性，後面的章節會有更深入的說明。

1. **標準神經網路 NN（Neural Network）**

   又稱為全連結神經網路。這是最常見的神經網路，可以說是神經網路的萬用工具。不過，也因為太萬用，在某些應用上的表現就不如其他神經網路出色，但它也是最常搭配其他神經網路的模式。

2. **卷積神經網路 CNN（Convolutional Neural Network）**

   如果輸入是照片或影片，CNN 是最合適用來處理的神經網路。2-4 節會介紹這個圖形辨識天王，在第三章則會有更深入的探討。

3. **遞歸神經網路 RNN（Recurrent Neural Network）**

   神經網路一般來說不會記得上次的輸入是什麼，如果需要「有記憶」的神經網路，就會用到 RNN。我們在 2-5 節會介紹。

 ## 2-4 圖像識別天王：卷積神經網路

我們在生活中隨處可見圖像識別的應用，例如，在 Facebook 上傳一張和朋友的合照，Facebook 會自動標註（tag）朋友；在停車場取車的時候，停車場可以自動辨識車牌，告訴我們應該付多少停車費；或是像第一章要判斷照片中的鳥是什麼鳥等等。圖形辨識一直是一個很重要的主題，仔細想想，就會發現圖像識別的應用有非常多有趣的可能性。

卷積神經網路（CNN）可以說是圖像識別的天王。CNN 現在的樣子和訓練方式，主要是由楊立昆（Yann LeCun）奠定下的基礎，所以也有人稱他為 CNN 之父。

我們在這一節先介紹 CNN 的概念，第三章會進一步說明 CNN 在圖像識別的應用。

CNN 通常包括兩個特別形式的層，一為**卷積層**（convolution layer），一為**池化層**（pooling layer），運作方式都和標準全連結神經網路不太一樣。

卷積層

卷積層可說是 CNN 最重要的核心。當我們在看一張照片時，通常會大約看到每一區塊有什麼，然後在腦海裡呈現出來，因此，讓機器判讀照片時，或許可以設計一些**過濾器**（filter）去看照片中的某些特徵。

我們可以設定每一個過濾器去檢查不同的特徵，例如在區塊中是否出現直線。過濾器會掃描整張照片或圖片，然後把這張圖片各處的這個特徵（例如有沒有直線）的強度記錄在它自己的記分板上（如圖 2-9）。通常我們會使用好幾個過濾器，把不同特徵的強度分別紀錄下來。

要做一個卷積層，必須決定要有幾個過濾器、過濾器的大小等等。

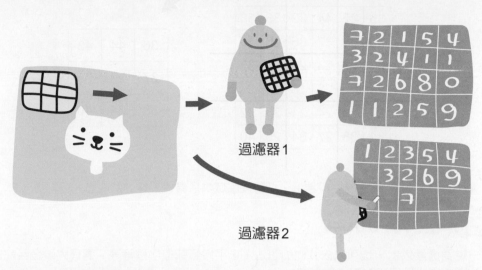

圖 2-9　每個過濾器都會掃描整張圖片，並把某個特徵強度的分數記錄在它的記分板

池化層

前面提到，每一個過濾器都有自己的記分板，來記錄它要檢查的特徵強度。過濾器常常有很多個，從十多個到上百個都有可能。一張像素尺寸為 128×128 的圖，一個過濾器要用來記錄特徵強度的記分板大概會是差不多的大小，這樣一來，如果有 10 個過濾器，就會有 10 張圖一般大小的資料。

但仔細想想，記分板上記錄的是每一個點附近區域的某個特徵，似乎不必真的把每個點都記下來，以「直線」特徵來說，也不可能只由一個點就決定了。所以，我們可以把範圍擴大一點，把記分板規劃成好幾個「選區」，在每一個選區裡選出該池最大的數字，當作代表這個區域某個特徵的強度。

換句話說，基本上池化層就是「投票」。首先，要決定「選區大小」，例如選區大小是 2×2。接著，把記分板上每 2×2 就劃為一個選區。最後，從每個選區裡選出最大的數字，代表這個區域某個特徵的強度。以圖 2-10 為例，我們把左圖的記分板劃分成 9 個 2×2 的選區，每個選區有 4 個數字，再從這 4 個數字中選出最大的一個，例如記分板左上角的選區有 35、27、36、36 四個數字，其中最大的數字是 36，因此 36 就是這個區域的代表，我們就把 36 紀錄在右圖的左上角。依此類推，找出其他區域的代表，並記錄在圖右的區域對應位置。

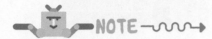

35	27	44	32	36	38
36	36	37	36	36	43
37	37	23	26	17	35
29	25	22	18	14	27
27	25	24	21	24	32
31	38	27	34	25	40

36	44	43
37	26	35
38	34	40

◈圖 2-10　池化有點像「投票」，把每個區域中最具代表性（例如最大值）找出來

NOTE

其實不一定要選最大的，也可以依我們的想法，求平均值或最小值等等。選最大值是目前最常見的做法，這樣的池化層稱爲最大池化層（max pooling layer）。

　　我們可以做好幾次的卷積、池化、卷積、池化，甚至也可以只卷積不池化。CNN 最後常會接上一層或更多層的全連結層，再做最後輸出。如圖 2-11。

輸入 ➡ 卷積層 ➡ 池化層 ➡ 卷積層 ➡ 池化層 ➡ 全連結層 ➡ 輸出

◈圖 2-11　完整的 CNN 的架構範例

2-5 有記憶的遞歸神經網路

　　遞歸神經網路（RNN）最特別的是，它是一種「有記憶的」神經網路。它會把每一次輸入所產生的狀態都記錄一些結果，儲存在暫存的記憶空間裡，稱爲**隱藏狀態**（hidden state），再跟著下一次的輸入一起輸出。如圖 2-12，第 t 次時，來自輸入層的輸入爲 x_t，但此處還有來自前一次（即第 t-1 次）的狀態 h_{t-1} 會跟這一次輸入 x_t 之後產生的狀態結合，再輸出 $\hat{y}_t$ 的結果。

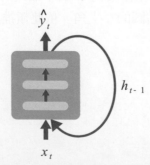

◈圖 2-12　RNN 的記憶方式是把前一次的輸出和這次的輸入一起當作這一次的輸出

我們將圖 2-12 以展開的形式來表示，如圖 2-13 所示。第 1 次的輸入為 x_1，產生狀態 h_1，輸出 $\hat{y}_1$；第 2 次的輸入為 x_2，並加以考慮第 1 次的隱藏狀態 h_1，產生狀態 h_2，再輸出 $\hat{y}_2$，依此類推。前一次輸入所產生的狀態，會透過隱藏狀態傳過來，所以每次的輸入，其實都考慮了前面發生過的事情。

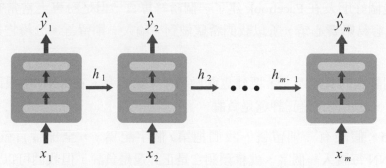

◈圖 2-13 　RNN 依時間展開的樣貌

　　RNN 的神經元和之前介紹過的 NN 神經元其實沒有什麼不一樣。我們以圖 2-14 的簡單 RNN 為例說明。

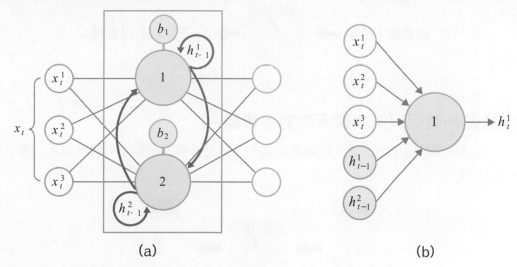

(a)　　　　　　　　　　　　　　　(b)

◈圖 2-14　(a)RNN 層的輸出會當成下次輸入，而且也會傳給同一層的「鄰居」；(b) 本例中，一個 RNN 層的神經元會接受本來的 3 個輸入，加上 2 個 RNN 層上次的輸出，就會有 5 個輸入

　　如圖 2-14(a) 所示，我們先看 1 號 RNN 神經元，會發現它變成有 5 個輸入，包括 3 個原本的輸入（分別來自 x_t^1、x_t^2、x_t^3），再加 2 個 RNN 神經元前一次的輸出（如圖 2-14 中的紅線標示）。另外，還要做加權和、加上一個偏值（圖 (a) 中的 b_1）、經激活函數送出一個輸出等等，動作和前面介紹過的 NN 神經元是一樣的。我們單獨來看 1 號 RNN 神經元，如圖 2-14(b)，可以清楚來自 x_t^1、x_t^2、x_t^3 等 3 個輸入，以及 1 號 RNN 神經元前一次紀錄的狀態，和 2 號 RNN 神經元前一次紀錄的狀態，總共 5 個輸入，在 1 號神經元匯整處理後產生一個要下一次透過隱藏狀態傳送給 1 號神經元的輸入。

RNN 非常適合和時間有關或是需要參考前後文等的應用。以下的 2 個例子，可以更能理解 RNN 如何被運用。

在Facebook粉絲專頁上的留言，我想分辨這是正評還是負評？

我們有幾個好朋友在 Facebook 建了一個粉絲專頁，但是粉專上常常有些不理性的留言，看了很容易影響心情，所以我們希望做到「輸入一則留言，分辨它是正評還是負評」。

但是每則評論的長度不一，要建立函數似乎不太容易。在 RNN 中很簡單，我們只要輸入一個字，就預測這是正評還是負評。

如圖 2-15，假設有一則留言，我們把第 t 個字記為 x_t，全部留言就是 $\{x_1, x_2, \cdots, x_t, \cdots, x_N\}$。RNN 每讀入一個字，就會預測它是正評還是負評，但我們可以忽略前面的輸出，因為還沒看完這則留言的全部，所以等到輸入最後一個字 x_N 時，RNN 到此已看完這則留言的全部了，我們就會用最後的輸出結果當作正評或負評的結論。

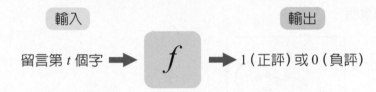

輸入　　　　　　　　　　　　　　　　輸出

留言第 t 個字　➡　f　➡　1（正評）或 0（負評）

☰圖 2-15　判斷留言正評或負評的函數

我想做一個可以陪我聊天的對話機器人

在第一章有討論過，這個主題建構函數的方式是「輸入一個字，就預測下一個字」。如圖 2-16 所示。

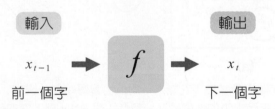

輸入　　　　　　　　　　　　輸出

x_{t-1}　➡　f　➡　x_t

前一個字　　　　　　　　　　下一個字

☰圖 2-16　對話機器人的函數

如圖 2-17，假設我們自己說的話（亦即輸入）以 { 字 $_1$, 字 $_2$, ..., 字 $_n$ } 來表示，對話機器人的回覆（亦即輸出）是 { 回 $_1$, 回 $_2$, ... 回 $_n$ }。一開始，對話機器人先「聽」我們說話，也會記錄一些東西（即 $h_1, h_2, \cdots, h_n$），此時先忽略輸出。等我們話說完了，對話機器人才依我們說話所得到的結果預測要回覆的第一個字，接著再把回覆的第一個字當輸入，預測下一個要回覆的字。以此類推，對話機器人就會回覆我們的話了！

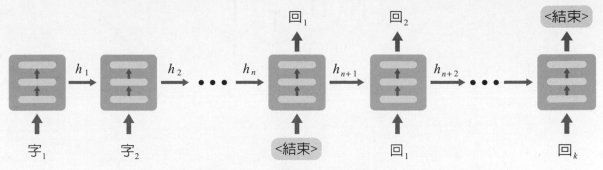

◈圖 2-17　用 RNN 打造對話機器人

RNN 還有很多應用，我們列舉了幾個主題如下，大家可以再思考看看，還有哪些建構函數學習機的可能方式。

- ⊙ 一段影片，用 RNN 以文字描述發生什麼事情
- ⊙ 畫一半的圖，讓神經網路完成它
- ⊙ 用 RNN 做翻譯機
- ⊙ 起個頭，讓 RNN 幫我們寫一首詩

2-6　本章小結

本章介紹了神經網路的三大架構，包括標準神經網路 (NN)，還有卷積神經網路（CNN）和遞歸神經網路（RNN）。只要記得所有神經網路基本上都是由這三大架構組合而成，可以說就掌握了神經網路的核心。在後面的章節會有更多詳細的介紹，說明神經網路如何應用到各種有趣的問題上。

如果能夠試著從生活中去尋找適合用人工智慧解決的問題，或許真的有機會能實現自己人工智慧的創意喔！

CH **03**

看圖說故事

圖像識別

鄭文皇 國立交通大學電子工程學系暨研究所教授

經歷：行政院科技會報辦公室科技計畫首
席評議專家室領域專家

本 章 架 構

FOXCONN® Ai

隨著電腦運算能力大幅進步、攝像機數量大量增加，以及行動裝置的普及化，我們要如何擷取、處理、分析、應用影像與視訊內容也變得愈來愈重要。其中，「圖形識別」便是透過電腦自動地對所取得的影像進行分析和學習，辨識圖像中的物件，並理解其內容，藉此讓電腦能夠變得更智慧化，使得人們的生活能夠更豐富、更便利、更安全。

　　在 2012 年之前，要透過電腦來分辨圖像中的基本物件（例如貓狗）幾乎是不可能的事。然而，近年來隨著日趨成熟的深度學習技術，電腦不僅能分辨貓狗的圖像，甚至連判斷不同的動物品種也變成可行。圖形識別的技術更進一步被運用在無人機、無人駕駛上，期望有一天這項技術能被更廣泛地應用，並帶給人類更美好的生活。

　　這一章就讓我們一同揭開圖形識別技術的神秘面紗，好好認識電腦是如何分析圖像而進一步辨別物品的吧！

 ## 3-1　電腦眼中的圖像

　　在開始學習圖形識別前，我們得先來看一下**圖像**（image）在電腦眼中是如何表示的。對於電腦而言，一張圖像其實是由許多數字所組成。你是否曾經在電腦上放大照片過？你有沒有發現將照片放大到最大時，照片不再是平滑的曲線，而呈現一格一格的方格狀？如圖 3-1 所示，我們可以觀察到圖像其實是由一個個小格子組合而成，而這每一個小格子便是一個色塊。

◈ 圖 3-1　原圖經放大後可見方格狀

如果我們用不同的數字去表示不同的顏色，便可以將一張圖像表示成一個由數字色塊所組成的**矩陣**（matrix），電腦便是透過這種方式來儲存圖片。圖片中一小格一小格的色塊，便是**像素**（pixel），而一張圖片由多少個像素的行數和列數所組成，就是**解析度**（resolution）。

> 像我們常聽到的 1024 × 768，指的便是這張圖片由 1024 行、768 列的像素所組成。因此，只要我們給電腦一個數字矩陣，電腦便可以把矩陣中的數值對應到的顏色顯現出來，而形成一張圖像。

那麼，電腦是怎麼表示不同顏色的呢？對於電腦而言，圖像可以分為灰階與彩色。灰階圖像就是黑白照片，由於只有明暗不同，所以只需要一個數字就可以表示一種灰度。通常 0 代表灰階中最暗的顏色，也就是黑色；255 用來表示灰階中最亮的顏色，也就是白色；而介於 0 到 255 之間的整數，則用於表示不同明暗程度的灰色。

至於彩色影像，每一個像素就需要透過三個數字來表示明暗程度，這三個數字分別代表紅色（R）、綠色（G）、藍色（B）三種基本顏色的明暗程度，我們把這三種基本顏色不同的明暗程度疊加起來，才能表示一個顏色。其中，R、G、B 也是分別用一個 0 到 255 之間的整數來表示。如圖 3-2 所示，三個數字中任一基本顏色的數值越大，表示該基本顏色所占的比例越大，例如 (R, G, B) = (255, 0, 0) 所表示的便是純紅色。

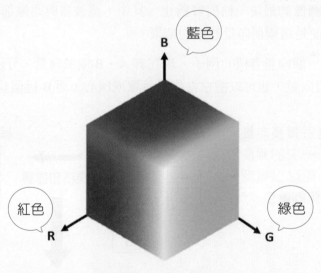

⊗圖 3-2　RGB 顏色模型

3-2 空間濾波

爲了讓電腦可以更容易清楚地理解圖片的內容，我們會透過一些**預處理程序**（pre-processing）將影像整理過後，再放進神經網路，讓電腦進行更有效地學習。有時候我們會對圖像以**放大縮小**（scaling）、**旋轉**（rotation）等方法進行預處理程序來增加照片數量，或者透過增加、減少影像的雜訊或是特徵提取來提高神經網路的精準度。在這一小節，我們便要來認識可以對影像進行預處理程序的**空間濾波器**（spatial filtering）技術。

空間濾波的基本原理

空間濾波是透過濾波器與原圖像進行**卷積運算**（convolution）所得到能夠突顯出原圖某方面視覺特性的描述圖，使用不同的濾波器（filter）便會得到不同效果。濾波器通常是一個方形（如 3 × 3），又稱爲**遮罩**（mask）或**核心**（kernel）。在介紹一些常用的濾波器前，我們先來學習卷積運算。

卷積運算

圖像與濾波器的卷積運算基本上就是在重複「移動－對齊－計算乘積和」這個過程，直到濾波器與圖像的最後一格對齊爲止。其中，濾波器與圖像都可以視爲向量或矩陣，最後所得到的便是這兩個向量卷積的結果。

讓我們先來看一個向量卷積的例子。現在有 A、B 兩個向量，分別是 [3 4 5]、[1 2 3 4 5]。其中，A 是短向量，也可以把它當作是遮罩或核心，而 B 這個長向量就視爲圖片。

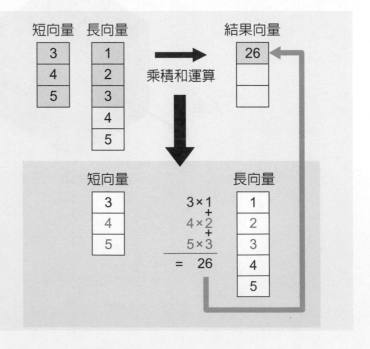

第1步 將短向量對齊長向量後，做第一次的乘積和運算，便可以得到第一個結果向量值。

第**2**步　將短向量做移動（stride），在此以一次移動一步為例。此時，短向量會對齊長向量的第二個元素。藉著做第二次的乘積和運算，便可以得到我們的第二個結果向量值。

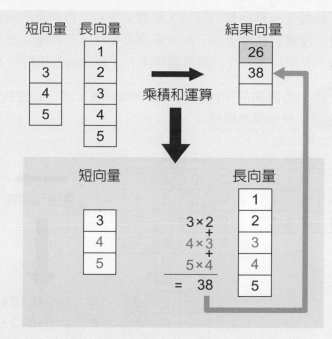

第**3**步　再次將短向量移動一格。此時，短向量會對齊長向量的第三個元素，而短向量的結尾也對齊了長向量的最後一個元素，這也代表做完這次乘積和後，我們就完成了兩向量的卷積運算。

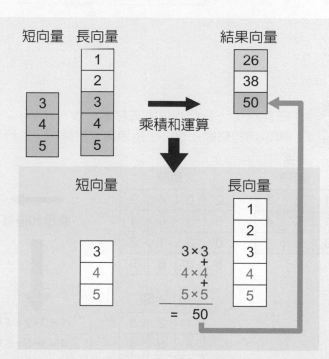

43

練習完一維向量的運算，接著來看看二維向量的運算，也就是在進行影像處理時會用到的運算。基本上與一維向量運算相同，不過現在需要沿著橫向與縱向兩個方向進行移動。下面以 3 × 3 的濾波器與 4 × 4 圖像的卷積為例：

第 **1** 步 如同前面所練習的向量卷積一樣，將小矩陣對齊大矩陣後，進行乘積和得到第一個卷積結果。

小矩陣

1	2	3
4	5	4
3	2	1

大矩陣

2	0	4	7
9	3	6	1
0	3	1	2
5	8	8	9

乘積和運算

結果矩陣

96	

小矩陣

1	2	3
4	5	4
3	2	1

$$1×2+2×0+3×4$$
$$+ \quad 4×9+5×3+4×6$$
$$+ \quad 3×0+2×3+1×1$$
$$= \qquad 96$$

大矩陣

2	0	4	7
9	3	6	1
0	3	1	2
5	8	8	9

第 **2** 步 在此例中，我們也以遮罩移動一步（stride = 1）為例。如下圖，遮罩在大矩陣中向右移動一步，小矩陣與之對齊後，進行乘積和運算。

小矩陣

1	2	3
4	5	4
3	2	1

大矩陣

2	0	4	7
9	3	6	1
0	3	1	2
5	8	8	9

乘積和運算

結果矩陣

96	88

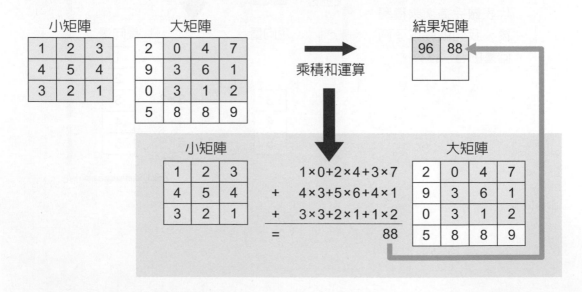

小矩陣

1	2	3
4	5	4
3	2	1

$$1×0+2×4+3×7$$
$$+ \quad 4×3+5×6+4×1$$
$$+ \quad 3×3+2×1+1×2$$
$$= \qquad 88$$

大矩陣

2	0	4	7
9	3	6	1
0	3	1	2
5	8	8	9

第3步 遮罩在橫向到達最右端後，將遮罩縱向往下移一格，也是從最左端開始重複相同的步驟，對齊後進行乘積和運算。

第4步 將小矩陣對齊大矩陣的最後一個元素後，進行最後一次乘積和運算。

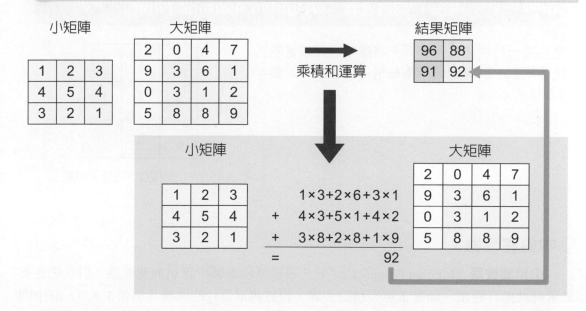

從上面的運算可以發現，卷積結果通常比原向量還要小。有時候為了使讓卷積後的結果跟原向量大小保持一致，會先在原向量周圍補上 0（zero-padding）再進行卷積運算，以維持相同大小。

認識濾波器

在我們認識基本的卷積運算後，就讓我們來看看幾個簡單又好用的濾波器吧！

平滑濾波器

平滑濾波器（Smoothing Filter）最主要的用途就是**模糊化**（blurring）以及**減少雜訊**（noise reduction）。平滑濾波器又稱**平均濾波器**（average filter），顧名思義，便是透過將遮罩所罩住的區域取平均輸出。以下以 3 × 3 遮罩為例：

平均濾波器（Average Filter）

由於 3 × 3 的遮罩是每 9 格取一個值，所以透過 1 將每一格的數值取出相加後，要再除以 9，以得到算術平均數。如圖 3-3 所示。

$$\frac{1}{9} \times \begin{array}{|c|c|c|} \hline 1 & 1 & 1 \\ \hline 1 & 1 & 1 \\ \hline 1 & 1 & 1 \\ \hline \end{array}$$

❧圖 3-3　3×3 的平均濾波器範例

權重平均濾波器（Weighted Average Filter）

透過每一格所佔比例不同，將離中心越較遠的比重降低，以得到與原圖最相近的結果。如圖 3-4 所示。

$$\frac{1}{16} \times \begin{array}{|c|c|c|} \hline 1 & 2 & 1 \\ \hline 2 & 4 & 2 \\ \hline 1 & 2 & 1 \\ \hline \end{array}$$

❧圖 3-4　3×3 的權重平均濾波器範例

中值濾波器

中值濾波器（Median Filter）也是另一種很常用來減少雜訊的濾波器，但是它並不是單純地進行卷積，而是依照卷積的步驟，將被遮罩罩住的區塊（例如 3 × 3）取**中間值**（median）來當作輸出，而非直接進行乘積和。由於雜訊通常都是跟圖片比較不相關的訊息，與周圍的像素亮度相差較大，所以在取中間值時，通常不太會取到雜訊，因而可以濾除雜訊，如圖 3-5 所示。

(a) 原圖

(b) 加入椒鹽雜訊

(c) 利用平均濾波器減少雜訊的結果

(d) 利用中值濾波器減少雜訊的結果

◈ 圖 3-5　在加入椒鹽雜訊（salt & pepper noise）後的圖像，分別使用平均濾波器與中值濾波器減少雜訊的結果

♀ 索伯濾波器

　　索伯濾波器（Sobel Filter），也稱做**索伯運算子**（Sobel operator），經常應用於電腦視覺領域，其功能為邊緣檢測。索伯濾波器可以分為兩個方向的邊緣檢測（圖 3-6），其數學意義是透過離散性差分運算來計算圖像亮度之梯度。

−1	0	+1
−2	0	+2
−1	0	+1

G_x

+1	+2	+1
0	0	0
−1	−2	−1

G_y

◈ 圖 3-6　索伯濾波器可以分為兩個方向的邊緣檢測

所謂的梯度計算，我們可以簡單地把索伯濾波器想成是將索伯運算子兩側相減，如圖 3-6 中的 G_x 為 x 方向的索伯運算子，將其重疊於圖片進行卷積運算時，便可以看成是將右側（+1, +2, +1）減掉左側（-1, -2, -1），由於物體邊緣通常會有明顯的亮暗分界，透過相減，可以更加凸顯邊緣。圖片經過索伯濾波器的例子，如圖 3-7 所示。

(a) 原圖　　　　　　　　　　　　(b) 經過索伯濾波器處理的結果

◈圖 3-7　圖像經過索伯濾波器處理後得到凸顯邊緣的結果

 ## 3-3　深度學習物件辨識

》》》人工神經網路與深度神經網路

在前面的內容，我們學習了電腦如何去解讀一張圖片的視覺特性，也能夠利用簡單的圖片預處理程序將圖片轉換成更利於電腦理解的形式。現在我們將學習如何利用深度學習的方法，讓電腦分析這些處理過的圖片，以從圖片中得到更多有效且便於人類解讀的資訊。最常見的方法之一，就是利用人工神經網路判讀圖片中的各種物件，將圖片進行分類。

事實上，想要得到一個相對來說健全完整而準確率高的神經網路，不太可能僅靠三層神經元就能夠實現。中間的隱藏層還可以加入一層以上，實務上更可能高達數百、數千，甚至數萬層以上。每加入新的一層都會接收上一層所傳遞的訊息，每一層都對這些訊息做出更進一步的處理，以得到更具有代表性的訊息表示，使得最後在輸出層的判斷結果準確率提升。

　　像這樣擁有一個輸入層、多個隱藏層以及一個輸出層，並且彼此之間層層相連的神經網路模型，我們就稱之為**深度神經網路**（Deep Neural Network，簡稱 **DNN**），如圖 3-8 所示。

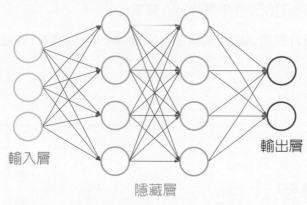

輸入層

隱藏層

輸出層

◈圖 3-8　深度神經網路模型

深度學習模型的結構

　　有了一個基本的神經網路模型後，就像人類一樣，也需要經過一個學習的過程，才能夠成功地認出欲辨識之物件，這個過程我們稱之為**訓練**（training）。前面我們提到的深度神經網路模型中，一個神經元跟自己上下一層的每一個神經元都有連結，每個連結都由一個權重參數控制，這些參數決定了這個神經元什麼時候會被觸發，進而向後傳遞訊息。

神經網路模型訓練的過程，就是不斷地調整某個網路中的每個參數，直到找到一個參數組合能讓神經網路有效運作，並且盡可能地準確辨識物件。

　　然而，為了提升物件辨識的準確率，我們不斷地增加其中的隱藏層，使得神經元的數量不斷攀升，之間的連結也愈加錯綜，最終形成了一個極其複雜的神經網路。這樣的神經網路在訓練上非常困難，因為每一次訓練要更動的參數量都非常龐大，不但很難找到一個最佳的結果，在運算上也非常浪費計算資源。

　　因此，為了簡化深度學習模型，我們將前一小節介紹過的卷積運算引進我們的神經網路模型，衍生出一種新的神經網路模型——**卷積神經網路**（Convolutional Neural Networks，簡稱 **CNN**）。

　　在一個卷積神經網路中，一個神經元不會跟它上下一層的每一個神經元都有連結，而是利用卷積核的概念，找出圖片的特徵並向下傳遞。這些特徵可以幫助我們更容易辨識出正確的物件，因此神經元個數相同的卷積神經網路表現會比一般深度神經網路來得出色，大幅降低了需要訓練的參數量。

爲了更了解神經網路模型的運作,這裡我們介紹一個深度神經網路模型的例子。圖 3-9 是一個經典的卷積神經網路架構 **AlexNet**,這個架構在 2012 年度大規模視覺識別挑戰賽 **ILSVRC**(ImageNet Large Scale Visual Recognition Competition)中初試啼聲,就獲得圖形辨識的冠軍,開創深度學習的另一個世代。

接下來,我們將針對這個網路架構運用到幾個不同功能的特殊層來一一介紹。

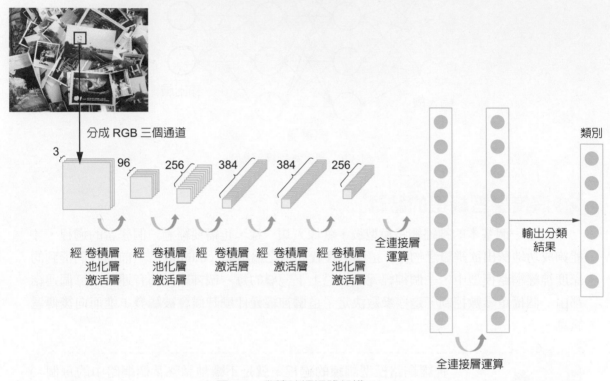

圖 3-9　卷積神經網路架構 AlexNet

卷積層

一個卷積神經網路多半是由**卷積層**(convolution layer)爲主體建構而成的。首先,我們把輸入的圖片轉成 RGB 三個通道的矩陣表示法,也就是說,一張圖片的每個像素(pixel)都分別以三個數字表示,會得到三個與圖片大小相符的矩陣,作爲神經網路模型的輸入。與之前介紹單純的深度神經網路模型不一樣的是,在卷積層中是以卷積的核心作爲基本單位,對模型的輸入進行卷積運算,經過運算的矩陣可以將之視爲一張新的圖片。

我們可以把卷積層的核心當作一個濾鏡,如同前一小節介紹過的濾波器一般,它會讓圖片的某些視覺特性更加明顯,一個引進卷積層的神經網路就是以這種方式結合了圖片預處理程序及深度學習的功能。

多層的卷積層相連時，新的輸出圖片就會透過一層一層的濾鏡在特徵處愈發鮮明，我們稱之為**特徵圖**（feature map）。除了輸入的卷積層外，之後的卷積層都是用上層輸出的特徵圖作為輸入去運算的，因此，一個擁有多個卷積層的神經網路還具備了特徵提取的功能，利用這些特徵圖作為之後其他層的神經元輸入，可以大大提升神經網路模型在辨識物件上的準確度。

池化層

前一個部份我們提到了卷積層提取特徵的過程，而一張特徵突出的圖片在經過卷積層的處理時，部分神經元可能會變得非常活躍，使得某個特定區域的計算量可能會逐漸變大而難以處理。因此，在一個到數個卷積層後加入**池化層**（pooling layer），可以幫助我們壓縮卷積層輸出的特徵圖，只留下主要特徵，使得整個網路的計算複雜度降低，讓訓練網路的過程可以更加順利。

池化層的功能在於找出局部的特殊值。首先將一張圖片的三個通道（RGB）各自分開，在每個通道中都將圖片分成數個大小相同的區塊，每個區塊中的像素數量都相同，在每一個區塊中只取一個值作為代表，將這些代表值組合起來形成一個新的通道，最後再將三個通道的結果重疊，得到一張新的圖片。

圖 3-10 為一個最大池化運算示意圖，只看圖片中的其中一個通道的話，如果一張圖片的解析度是 4×4，那麼，這 16 個像素值就可以表示成一個 4×4 的矩陣。將其切隔成 4 個區塊，每個區塊都是一個 2×2 的矩陣，在每個區塊的 4 個值中都挑選出一個值，最後將這 4 個值組合成一個 2×2 的矩陣，就是這個通道新的表示。一般而言。池化層分為**平均池化層**（average pooling layer）跟**最大池化層**（max pooling layer）兩種，分別會挑選每個區塊的平均值和最大值作為代表。

◈圖 3-10　最大池化運算示意圖

雖然切割區塊的大小及所選的代表值會影響到池化層保留特徵的效果，但每個區塊中都保留了最具代表性的值，並且每個值之間的相對關係沒有被改動，稍微降低的特徵效果可以透過加深網路來改善。另外，可以看到矩陣的尺寸都從 4×4 縮小成了 2×2，在這個例子中計算量變為原本的 1/4，大大降低了計算資源的負擔。

全連接層

全連接層（fully-connected layer）就如同它的名字一般，在全連接層中的每個神經元會跟上一層的所有神經元都有連結。你可能會想問，剛剛不是才說這種連結方式參數量過大，會導致網路難以訓練嗎？為什麼不繼續使用卷積層呢？

> 在辨識物件的神經網路中，輸出層就像是一個分類器，其中的每個神經元代表的是物件的類別，輸出的值通常是辨識成這個物件的機率。而全連接層可以將這個網路先前學習到的特徵向量進行轉換，方便交給最後的分類器做分類。

不同於卷積層，經過全連接層計算的值不會受到學習到的特徵所在位置的影響，舉例來說，如果我們的神經網路在一張圖片的左上角學習到一隻狗的特徵，在另一張圖片的右下角也學習到一隻狗的特徵，因為位置不同，會表示成兩個不同的特徵向量，但是經過全連接層的計算後，這兩個特徵向量都會觸發同一個神經元，讓最後一層的分類器在狗的分類上有比較明顯的響應。

實務上的全連接層常利用卷積運算來實現。以圖 3-11 為例，AlexNet 的第一個全連接層輸入是一個 6×6×256 的特徵向量，輸出為 4096×1 的向量，利用一個 6×6×256×4096 的卷積層去做運算，也就是做了 4096 個 6×6×256 的卷積運算，得到每一個神經元的輸出結果。

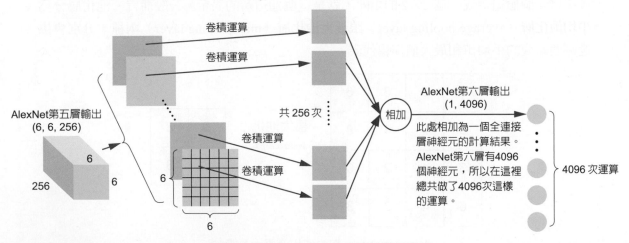

◈圖 3-11　AlexNet 中的全連接層示意圖

不過，先前也提到了全連接層參數量大的問題，在現在的神經網路模型中，通常只會在卷積層後加入，對學習到的特徵向量進行最後的整合，不會利用全連接層對圖片進行其他分析。

激活層

到現在為止，我們所介紹的每一種神經網路層所計算得到的輸出都是輸入的**線性函數**（linear function），這會產生什麼問題呢？我們知道，線性系統有**疊加性質**（superposition property），而神經網路運算結果是層層相連的，上一層的輸出會當作下一層的輸入繼續做運算，倘若每一層的運算都是一種線性函數，不管這些神經網路結構如何，最後輸出都只是輸入的線性組合。換句話說，如果多層網路的運算都是線性的話，那麼與單用一個的全連接層網路的運算效果其實相差無幾。這樣的線性分類器可以解決普通的直線二分類問題（圖 3-12）。

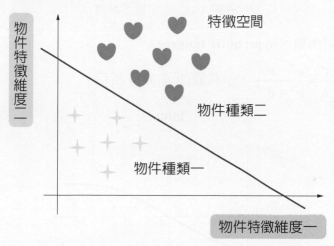

◈ 圖 3-12　直線二分類示意圖，可由一個線性函數簡單完成分類

然而，現實生活中的分類問題複雜得多，往往不是線性分類可以解決的。為了解決這個問題，我們試著在網路中加入**非線性函數**（non-linear function），也就是在卷積層跟全連接層後加入**激活層**（activation layer）。

> 激活層的主要目的在於引進非線性的因素到神經網路中，作法是在每次線性運算之後再加上一個非線性函數運算。

被運用在激活層常見的非線性函數主要有以下三個[1]：

1. **Sigmoid**（**S 函數**）

   $s(x) = \dfrac{1}{1 + e^{-x}}$，示意圖如圖 3-13 所示。

1.http://mathworld.wolfram.com

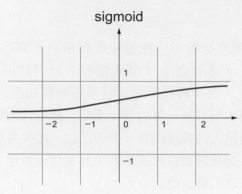

◈ 圖 3-13　S 函數示意圖

2. tanh（雙曲正切函數，**hyperbolic tangent**）

$\tanh x = \dfrac{\sinh x}{\cosh x} = \dfrac{e^x - e^{-x}}{e^x + e^{-x}}$，示意圖如圖 3-14 所示。

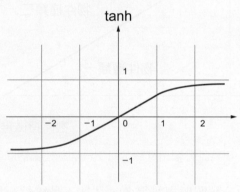

◈ 圖 3-14　雙曲正切函數示意圖

3. ReLU（線性整流函數，**Rectified-Linear**）

$f(x) = max(x, 0)$，示意圖如圖 3-15 所示。

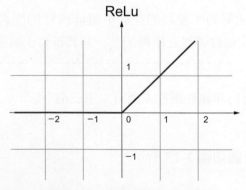

◈ 圖 3-15　線性整流函數示意圖

這些非線性函數都會對訓練的效果產生一定的影響，如何從這些函數中選擇適合的函數，要依照自己的神經網路模型做適當的調整。其中，ReLU 是目前最常被使用的非線性函數，主要的作用是將所有小於 0 的數值調整為 0，其餘數值則維持不變，在計算上相對簡單，實際上在神經網路模型中訓練的效果也很不錯，因此被廣泛應用。

標準化指數層

前面的敘述中提到，在一個功能為物件辨識的神經網路中，其輸出層可以看作一個分類器。一般來說，輸出層的神經元個數會跟要辨識的物件種類相對應。在輸出層中，每個神經元的輸出值可以作為一張圖片辨識為該物件的機率，機率最高的物件會被視為預測的結果。

為了讓神經網路最後每一個神經元的輸出都是一個合理的機率，也就是一個介於 0 到 1 之間的數值，我們會使用**標準化指數層**（Softmax layer）作為一個神經網路的輸出層。標準化指數層的作用很單純，就是利用一個標準化函數，將先前的計算成果限定在我們希望的範圍內，也就是 0 到 1 之間。位於輸出層的標準化指數層通常在前端會與一個全連接層相接，全連接層會將之前得到的特徵向量加以運算，得到方便分類的數值，最後再加上標準化函數作為分類器，計算出最終結果。

到此為止，我們介紹了所有在 AlexNet 中出現的神經網路層，這個架構中總共運用了五層卷積層與三層全連接層。網路的前端先利用五層卷積層找出輸入圖片的特徵，其中，在第一、二、五個卷積層後接上了池化層，用來壓縮提取到的特徵，但保留決定性的因素，降低整個網路的運算量。在網路的後端接上三層全連接層及最後的標準化函數，對提取到的特徵進行調整，在每一個卷積層及部分全連接層後接上了激活層，讓每一層計算的結果得以保留。最後，將得到的特徵輸入到分類器中，得到分類結果。

雖然後來神經網路模型隨著電腦計算能力的進步，網路結構逐漸變得又深又複雜，比 AlexNet 更快速、更準確的卷積神經網路結構大量地相繼出現，但不可否認的是，AlexNet 為後續的其他網路架構都定下了基礎，是深度學習發展的一個重要里程碑。

>>> 深度學習模型的訓練與問題

現在我們知道，深度學習模型就是由大量的神經元及大量的權重參數所組成，而訓練一個深度學習模型的過程，就是不斷地調整這些參數，尋找這些參數的最佳組合，使得所預測出的答案準確率越高越好，以此達到學習的效果。如何找到這些參數組合需要一些更複雜的觀念，在此我們不深入討論。

然而，在這樣的訓練過程中，我們會需要大量的數據資料來幫助訓練的進行。就跟人類學習的過程一樣，看到一項新事物時，我們會試圖記住它的名稱，反覆重複記憶，最後我們才得以辨認出不同的事物。深度學習模型就跟我們一樣，需要透過大量的資料，不斷進行重複學習及記憶的動作，才能夠在日後準確地辨識物件。

　　訓練一個模型的時候，我們會把擁有的資料庫分成三個部分：**訓練集**（training）、**驗證集**（validation）和**測試集**（testing）。訓練集部分的資料主要是提供模型學習，他會針對這個部分的圖片去調整自己內部的參數，直到能夠辨識這個部分的圖片為止。學習完畢的模型會利用驗證集部分的資料去調整自己的結構，例如調整隱藏層中的神經元個數。最後一個訓練好的模型會利用測試集的資料來檢驗最終模型的分類效果如何。簡單來說，訓練集就像是深度學習模型的教科書，驗證集像是一場模擬考，測試集對於模型來說則是最終決定成果的考試。

　　　　　一個資料龐大且多樣化的數據庫對於深度學習模型的訓練來說相當重要，ImageNet 數據集是目前圖像辨識最大且最完整的資料庫之一，包含了一千四百多萬張圖片，涵蓋了兩萬多種類別的圖片，在實務上我們常常利用部分的 ImageNet 數據集來訓練分類器相關的深度學習模型。

ImageNet 是一個免費的數據庫，有興趣的話，可以連結：http://image-net.org

　　但是這樣的數據集並不適用於所有的訓練，隨著深度學習模型的應用範圍越來越廣，涵蓋越來越多種類的物件辨識，取得一個完整且龐大的數據集有時候會格外困難，當資料不足時，我們的訓練就很可能會面臨**過度擬合**（overfitting）的問題。

　　什麼是過度擬合？前面介紹過，在一個深度學習訓練的過程中，會經過訓練、驗證及測試三個階段。一個模型如果測試階段的表現遠遠不如訓練階段的表現，那麼很可能就是出現了過度擬合的問題。當訓練集資料很少時，我們的模型可以利用很多參數和很複雜的網路去完美預測訓練集的結果，但是這樣學習出的模型因為過度符合訓練集資料，反而在實際預測時效果不好，就好像是這個模型把 1-2 節提到的「考古題」中所有的答案都背下來，真正考試時只要題目稍有變化，這個模型就認不出來了。

　　解決過度擬合的方法一般來說有兩種：增加數據庫的資料量，或是降低深度學習模型的複雜度。**資料增強**（data augmentation）是一種增加資料量的方式，將現有的圖片進行翻轉、縮放甚至是改變色溫、亮度等等，用同一張圖片製造出多張「看起來」不同的圖片，可以提升模型學習的效果。另外，我們也可以在訓練神經網路模型時適時地加

入丟棄（dropout）機制，隨機地在模型訓練時停止某些神經元的工作，防止模型利用太過複雜的結構背下訓練集中的答案。當這些神經元停止工作，深度學習模型必須學會透過剩下的神經元繼續分類任務，反覆進行幾次之後，就可以得到一個比較好的訓練結果，辨識物件的精準度也會提升。

3-4 圖像識別的應用

前面講了許多關於圖像識別的過程及方法，接下來在這個小節中，我們要告訴大家圖像識別在研究領域之外，對社會以及商業體系有哪些幫助及呈現。

自動影像整理

個人化圖片整理是目前最常見也最直觀的圖像識別應用之一，現代人習慣於使用照片記錄生活，在擁有一個巨大相簿時，任誰都希望這些照片或圖片能自動依照類型、視覺效果來做整理。影像識別可以達成這個目標，讓相簿不再只是儲存照片的地方，能提供使用者更好的搜尋及探索功能。

圖片網以及影片網

另一個圖像識別的商業應用在於圖片網及影片網。這些視覺素材網站提供免費或付費的影像供人們使用，同時，這些網站的管理團隊必須要在極大量的圖片或影片上做出標記並分類。若是沒有圖像識別的幫助，標記工作會非常耗時耗力，並且缺乏效率。因此，圖像識別在圖片網及影片網中扮演非常重要的角色，它能讓使用者透過簡單的搜尋來得到相關的視覺資料，也可以為圖片網的管理團隊省下大量的時間和工作量。甚至，圖像識別還可以分析如何更完善、更有效地去分類及描述這些視覺資訊。

企業資料庫

想像你是一家發展自動化家庭保全系統公司的老闆，每天都有幾十萬張影像從顧客家中的監視器上傳到公司的雲端資料庫中。我們要從這幾十萬照片中篩選出異常的部分，並且發送警報到顧客的行動裝置上，以提醒顧客留意家中狀況。這種提醒的功能必須是即時（real-time）的，才能落實保全效果。這時，圖像識別就成為關鍵，因為神經網路辨識圖像的速度，已經可以達到即時，也就是單一影片每秒 30 影格，亦即 30 FPS 以上的速率。**FPS** 為影格率（Frames Per Second）的縮寫。

架構於不同的基礎模型、不同的圖片像素，以及不同參數的影響下，在某些**高影格速率視覺系統**（high-frame-rate vision system，高影格速率簡寫為 **HFR**），其識別速度可高達每秒 12,000 影格（12,000 FPS）。

>>> 互動式行銷

圖像識別的用途並非僅限於顧客服務，當它的觸手碰到行銷及廣告部門，也能帶給企業很大的助益。

人們每天在網路上瀏覽、點擊、上傳、下載無數的視覺素材，根據統計，一天有 32 億張圖片被人們分享，在這些乍看沒什麼關聯性的資料中，若是我們能夠從中抓取出一些有用的資訊，便可以利用這些資訊來決定要向那些人送出哪些商品的廣告。

舉例來說，要行銷一台寵物攝影機，我們可以選擇：

1. 向所有我們能夠觸及的用戶發送廣告。

2. 隨機選取 50% 的用戶發送廣告。

3. **分析用戶生成內容**（user-generated contents，簡稱 **UGC**）中的視覺資訊，找出較可能有飼養寵物的客群來發送廣告。

用戶生成內容（UGC）是指網站或其他開放性媒介的內容由其用戶貢獻生成。

這結果應該非常顯而易見，分析用戶後再鎖定客群的行銷方式將會幫助我們節省不必要的浪費，得到最佳的**廣告轉化率**（conversion rate）。這也是為什麼 Google 可以成為世界上賺最多錢的廣告承接者的原因之一。Google 掌握了極大部分的用戶生成內容，這能讓它將對的廣告放在對的地方。

廣告轉化率是用來反映網路廣告對產品銷售情況影響程度的指標，也就是受網路廣告影響而發生購買、註冊或訊息需求行為的瀏覽者占廣告點擊總人數的比例。計算公式為：廣告轉化率＝發生轉化的廣告瀏覽者人數 ÷ 點擊廣告的總人數 × 100%。

除了剛剛提到的非常直覺具體的例子，圖像識別還能夠透過這些特徵的提取，來進一步分析使用者的情緒表情、動作手勢，以及對於時尚穿搭或彩妝美容的喜好程度，這些分析被稱做**用戶側寫**（user profiling）。若對於更多圖像辨別領域的研究方向與最新進展有興趣，可以參考表 3-1 所列的幾個國際知名學術研究單位與國際一流企業，從它們的網站上取得最新資訊喔！

表 3-1　圖像識別領域的幾間國際知名學術研究單位與國際一流企業

	單位名稱	網址
	國立交通大學 人工智慧與多媒體實驗室	http://aimmlab.nctu.edu.tw
	美國史丹佛大學 電腦視覺實驗室	http://vision.stanford.edu
	美國麻省理工學院 電腦科學與人工智慧實驗室	https://www.csail.mit.edu
CyberLink	訊連科技 (CyberLink)	https://tw.cyberlink.com
PERFECT	玩美移動 (Perfect)	https://tw.perfectcorp.com
Google DeepMind	谷歌深度大腦 (Google DeepMind)	https://deepmind.com

3-5　本章小結

　　在本章中，我們學習了圖像識別的幾個主要概念。首先是圖片的預處理，我們介紹了空間濾波器的功能及特質、卷積運算的方法。接著，在深度學習的架構中，探討了深度神經網路，以及卷積層、池化層、全連接層、激活層、標準化指數層的作用。最後，我們列舉了一些當前最常見的圖像識別應用，希望能讓圖片識別得到更好的詮釋。相信在看完本章後，都對圖像識別的原理有一定的瞭解及認識了。

　　在這個物聯網發達的時代，各個領域都開始重視資料的重要性，許多企業積極發展**資料策略**（data strategy），成立資料管理部門，在執行長（CEO）、財務長（CFO）等職位之外，更出現了**資料長**（Chief Data Officer，即 CDO）的職位，就是為了將資料的價值最大化。

　　一句英文成語 "A picture is worth a thousand words."（一畫勝千言），在眾多資料數據中，圖片所提供的資訊非常可觀，因此圖片識別的地位日漸重要，而深度學習的蓬勃發展也將在人工智慧的領域中提供莫大的助益。

CH **04**

現代福爾摩斯

視頻識別

王家慶 國立中央大學資訊工程學系教授
經歷：美國威斯康辛大學麥迪森分校榮譽研
究員

王建堯 中央研究院資訊科學研究所博士後研究員

本章架構

FOXCONN Ai

視頻在生活中隨處可見，舉凡打開電視看到的偶像劇、YouTube 網頁中瀏覽的音樂錄影帶等等，都是視頻。隨著智慧型手機的普及，使用者所產生的視頻內容，數量更是達到了前所未有的量級，無論在抖音或是 Instagram 等社群媒體中比比皆是。另外，警政署為了維持治安而架設的監視攝影系統在 2016 年已達到近 20 萬支，所產生的視頻數量更是難以估算。這些為數眾多的視頻內容要成為有用的資訊，需要視頻處理技術的幫忙，而視頻識別便是其中最重要的一環。

⬧ 圖 4-1　視頻的來源

 # 4-1　從圖像到視頻

你是否曾經有過這樣的經驗？當你在玩線上遊戲的時候，恰好遇到網路塞車，原本流暢的華麗炫技動畫突然 lag（延遲），大約 2 秒才更新一次畫面，網路塞車更嚴重時，畫面甚至完全靜止不動。

我們來說明幾個本章的重要名詞。當畫面讓人感覺是靜止時，這樣的單個畫面稱為**圖像**（image）；當一個個的畫面（也就是一張一張的圖像）更新頻率夠高，更新的速度快到讓人感覺畫面的變化是連續的動畫時，這動畫就稱為**視頻**（video）。

以圖 4-2 來說明這幾個名詞，圖 (a) 是在某個瞬間擷取到的畫面，由於只有單一個畫面，所以這是「圖像」。圖 (b) 是在某一段時間內擷取到的多個連續畫面，並且依照擷取的時間順序排列，就稱為「連續圖像」。如果在某一段時間內依時間順序取樣的頻率夠高（亦即擷取畫面夠多），直到人眼因視覺暫留而無法分辨所看到的畫面是靜態或動態時，如圖 (c)，這樣的連續圖像就稱為視頻。

　　第三章介紹過圖像的解析度代表每行、每列各由多少個像素組合而成，亦即分別表示圖像在水平方向和垂直方向的取樣數量。而圖像其實是三維空間中的物體投影在二維平面上的成像，若是在二維圖像的基礎上增加「時間」維度，變成三維的數據，就是視頻。簡而言之，連續的圖像依照時間順序更新就是視頻。視頻中的一張圖像稱為一個影格，在視頻中時間軸上的取樣頻率可以用**每秒取樣幾個影格**（Frame Per Second，即**FPS**）來表示。

(a)圖像

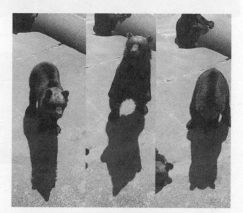

(b)連續圖像

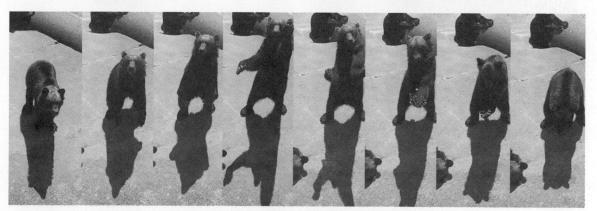

第1影格　　第2影格　　…　　第 *t*-1 影格　　第 *t* 影格　　第 *t*+1 影格　　…　　→ 時間

(c)視頻

◈ 圖 4-2　(a) 圖像；(b) 連續圖像；(c) 視頻

　　視頻提供的資料量遠遠大於圖像，一部每秒取樣 30 影格，總長度為 5 分鐘的視頻，資料量就達到了單張圖像的 9000 倍，因此，視頻處理經常必須事先從大量資料量中提取所需的資訊。另外，不同的視頻時間長短也不盡相同，通常會採用再取樣的方式進行處理。然而，不同的再取樣率會影響對視頻的理解，如圖 4-3，對同一段一名男性揮手的視頻進行取樣，高再取樣率取得的樣本仍可看出男性揮手的動作，但低再取樣率取得的樣本只能看出這名男性舉手。

高再取樣率
（揮手）

視頻

低再取樣率
（舉手）

◈圖 4-3　再取樣率對視頻理解的影響

接下來的內容，將介紹提取視頻資料中有用資訊的常見方式，以及幾個重要的視頻識別應用。

4-2　動作估計

棒球比賽轉播時，主播常常用幾個簡單描述動作與方向的詞句，便完整呈現了一場棒球賽的關鍵時刻，例如「這名打者大棒一揮，打擊出去，這顆球飛向左外野，看起來會飛出全壘打牆！」寥寥數語，卻彷彿將完整的動態畫面呈現在眼前，讓人彷彿身歷其境，熱血沸騰。

動作估計（motion estimation）是提取視頻中重要資訊最常使用的方法，除了用於**視頻壓縮**（video compression）之外，也能用於視頻識別等任務。動作估計的目的在估測視頻中像素、區塊或是物件隨著時間推移在空間中的位置變化。因此，動作估計的結果可以使用該像素、區塊或是物件在兩相鄰時間取樣點間的水平位移量與垂直位移量表示，這些成對的水平與垂直位移量稱為**動作向量**（motion vector）。

如圖 4-4(a)，把影格中的狗當作物件，選取物件範圍（如圖中的綠色方框），從第 t 影格到第 $t+1$ 影格狗狗的動作做動作估計，即為物件層級的動作估計。如圖 4-4(b)，將狗狗分為不同區塊，並分別標以不同顏色代表各區塊的特徵，例如黃色代表右耳、紫色代表左耳、藍色代表額頭等。從第 t 影格到第 $t+1$ 影格時，將各區塊的水平位移垂直位移紀錄下來，即為區塊層級的動作估計。

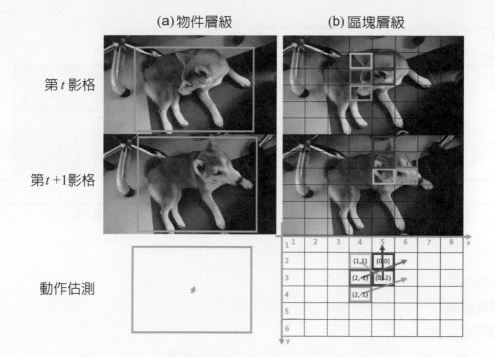

(a)物件層級　　　　(b)區塊層級

第 t 影格

第 $t+1$ 影格

動作估測

⊗ 圖 4-4 　(a) 物件層級動作估計；(b) 區塊層級動作估計

　　在估測動作向量時，通常對視頻中的移動物體有幾項假設：

- ➲ 物體於相鄰兩個影格間的位移量不會太大
- ➲ 物體不會隨著時間改變顏色
- ➲ 物體形狀不會隨著時間改變

　　如此一來，在估計時間點 t 某個物體的動作向量時，便可以將搜尋範圍訂為時間點 $t+1$ 的圖像中，以該物體於時間點 t 時的位置向周圍延伸邊長為 $2r$ 的正方形區域，並於此區域中搜尋與目標物體最相似的新位置。時間點 $t+1$ 時的新位置（x_{new}, y_{new}）與時間點 t 時的原位置（$x_{original}, y_{original}$）之座標差（$x_{new} - x_{original}, y_{new} - y_{original}$）即為動作向量的估測結果 v。

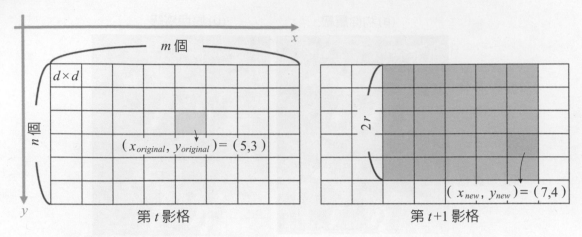

動作向量 $v = (7,4) - (5,3) = (2,1)$

目標區塊

搜尋範圍

最匹配區塊

◈ 圖 4-5　動作向量估測示意圖

　　如圖 4-5 所示，時間點 t 的影格（第 t 影格）與時間點 $t+1$ 的影格（第 $t+1$ 影格）被分割成 $m \times n$ 個 $d \times d$ 大小的區塊。假設時間點 t 時，影格位置於 (x,y) 的區塊為估測動作向量的目標區塊（如圖 4-5 中的黃色方塊），在時間點 $t+1$ 時，影格以 (x,y) 為中心，周圍的區塊則為搜尋範圍（如圖 4-5 中的綠色範圍）。首先，將目標區塊的數值取出，假設 $d = 2$，目標區塊的數值即會有 2 × 2 共 4 個；接著，依序取出搜尋範圍中每個區塊的數值與目標區塊的數值計算絕對值誤差總和，如圖 4-6 所示。

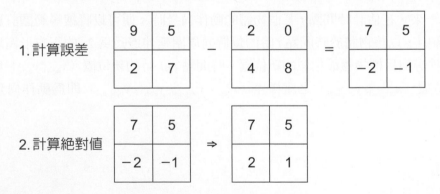

3.計算總和　　7 + 5 + 2 + 1 = 15

絕對值誤差總和

◈ 圖 4-6　絕對值誤差總和計算

最後，選取與目標區塊絕對值誤差總和最小的區塊位置作為估計的新位置，新位置與原位置的座標差即為動作向量估測結果，如圖 4-7 所示。

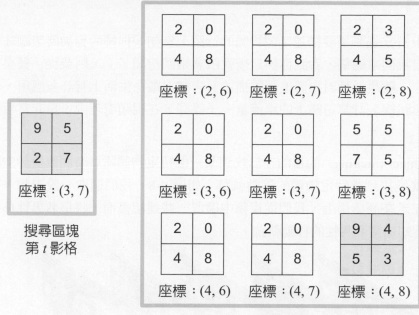

動作向量估測結果 = (4, 8) − (3, 7) = (1, 1)

◈ 圖 4-7 動作向量估測結果

對整張影像的所有區塊進行上述運算後，即可獲得動作向量圖。假設區塊大小為 8 × 8，那麼，在一部解析度為 1920 × 1080 的視頻上，動作向量圖的資料量為原始視頻的 1/96，可以大幅減少後續處理所需的運算量。

NOTE

RGB 影像轉換為向量表示，資料量會變成原本的 $\frac{2}{3}$。假設原始影像切割為若干個 8×8 的區塊，則動作向量圖的資料量為原始的 $\frac{1}{8 \times 8} \times \frac{2}{3} = \frac{1}{96}$。

4-3 深度學習物體追蹤

　　我們在生活中常常遇到需要描述某個物體的行蹤，例如「你姊的狗狗阿柴剛才在餐桌旁，沿著牆邊追我們家的貓，看到你姊以後就跟著她回房間了」，阿柴從「餐桌旁→沿著牆→回房間」，就是一種對物體追蹤的描述。物體追蹤在生活上有許多應用，例如搜尋犯罪者的逃逸路線、計算道路上的車流量……等等，在視頻處理中，是非常重要的議題。

　　物體追蹤（object tracking）的目的在於找到某一個特定物體隨著時間改變於空間中位置的變化，也就是找到該特定物體的移動軌跡。如圖 4-8，我們擷取一段視頻，畫面中有一名男性正在走在商店街上，我們從視頻中擷取一些連續畫面，將這名男性移動的位置抓出來，便可知道這名男性的移動軌跡。

物體追蹤

軌跡

◈ 圖 4-8　物體追蹤就是找到該物體移動的軌跡

　　在第三章圖像識別中，我們已經學到如何利用深度神經網路或卷積神經網路進行分類、識別等任務。那麼，如果將某個用於進行分類的深度神經網路套用在一張巨大的圖像上會發生什麼事呢？

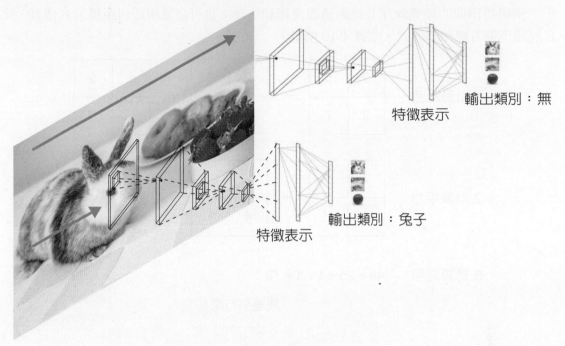

⬧ 圖 4-9　深度神經網路滑窗掃大圖像圖（圖片來源：Freepik）

　　圖 4-9 是一張很大的圖像，當我們用深度神經網路**滑動視窗**（sliding windows，簡稱**滑窗**）掃這張圖像時，可以看到無論在圖像的哪個位置，都能得到一組特徵表示以及輸出的分類結果。當出現某個物體時，用於分類的網路就能分辨出該空間上出現物體的類別。試想一下，如果不只是將這個深度神經網路套用在圖像的空間上，也將它套用在視頻的時間軸上呢？如此一來，只要某件物體出現在視頻中某個時間點的圖像上，就能被深度神經網路擷取出對應的特徵表示了。

　　既然相同的物體在不同的時間點都能夠透過深度神經網路擷取出獨特的特徵表示，就代表可以仿造動作估計的作法，以深度神經網路取出待追蹤目標物體於時間點 t 時的特徵。接著，利用追蹤目標物體於時間點 t 影格位置 (x, y) 為中心，在時間點 $t+1$ 影格向周圍的延伸邊長為 $2r$ 的正方形區域中，以深度神經網路提取各個位置的特徵表示，並計算各組特徵與待追蹤目標物體於時間點 t 時的特徵間之差異，並找出差異最小的配對。當彼此特徵間的差異小於某個**閾值**（threshold）時，則該位置為追蹤目標物體的新位置。

閾值就是臨界值或門檻值，是要令目標對象發生某種變化時所需某個條件的值，是學術研究中的常用語。

兩組特徵間的差異除了以絕對值誤差總和估計，也可以使用任何距離公式估算，比方說誤差平方總和的方式，如圖 4-10 所示。

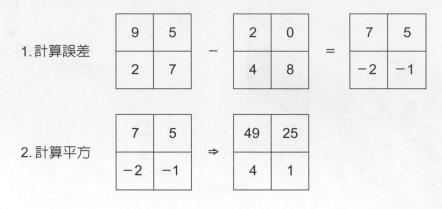

3.計算總和　　 49＋25＋4＋1＝79

誤差平方總和

圖 4-10　誤差平方總和計算

上述方法簡單地將一個用於分類的深度神經網路，搭配動作估計的技術，轉換成一個物體追蹤的系統。然而，物體隨著接近或遠離鏡頭，在視頻中便會產生放大或縮小的現象，這也是在物體追蹤中一個很重要的問題。

在 3-3 節介紹卷積神經網路的章節中學到，卷積層的核心，即**卷積核**（kernel），可以掃過空間中每個位置，每個位置都共用相同的權重，並於對應的位置輸出一個運算後的數值，最後輸出**特徵圖**（feature map）。在這裡，同樣可以將用於分類的深度神經網路每一層的卷積核套用在視頻中。最後，每個時間點的圖像都能得到最終的特徵圖，那麼，某個物體的特徵表示便可以直接由特徵圖中裁切下來。大的物體裁切的特徵表示特徵圖較大，小的物體得到的特徵表示特徵圖則較小。在圖 4-11 中，圖像中的兔子對比整個圖像而言是大的物體，所以得到較大的特徵圖（如圖 4-11 中的紫色框）。

接著，我們就可以對特徵圖做簡單的等比例分割，並計算每個分割中的平均數值，便能讓不同大小的物體得到相同大小的特徵表示。如圖 4-12(a)，圖像中的物件較小，所以得到一個較小的特徵圖，圖上記錄各個特徵強度，將這個特徵圖等比例分割成 4 個區塊後，分別計算 4 個區塊的平均值，即為 (a) 這個物件的特徵表示。依此類推，計算出圖 4-12(b)、(c)、(d) 的特徵圖被分割成 4 個區塊後每個區塊的平均值，最後，我們就得到 (a)、(b)、(c)、(d) 四個不同大小的物件相同大小的特徵表示了。之後，再套用動作估計的方式，便能達到容許物體大小縮放的物體追蹤功能。

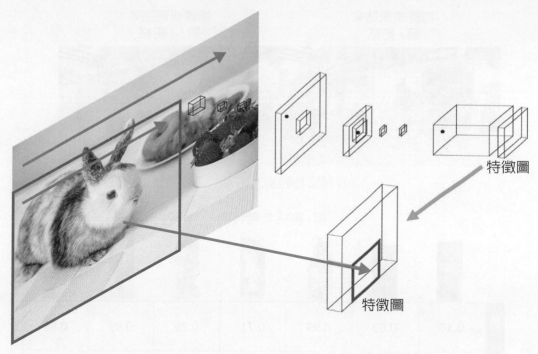

◈圖 4-11 經由卷積神經網路取出特徵圖（圖片來源：Freepik）

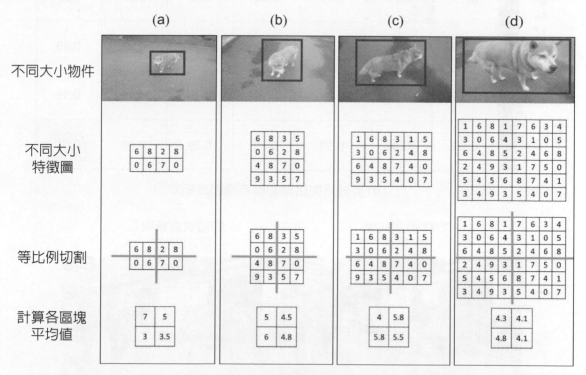

◈圖 4-12 特徵圖特徵表示等比例分割

更進一步地，用於物體偵測的深度神經網路也能轉換為物體追蹤深度神經網路。如圖 4-13，前後兩影格中偵測出的物體，透過前述的方法比較兩兩特徵表示之間的差異，便能達到很好的物體追蹤性能。

物體偵測結果　　　　　　　　　　物體偵測結果
第 t 影格　　　　　　　　　　　　第 t-1 影格

(a) 獲取物體偵測結果

第 t 影格 物體特徵

	0.16	0.99	0.99	0.71	0.99	0.99	0.99
	0.99	0.08	0.53	0.99	0.99	0.99	0.99
	0.99	0.56	0.03	0.99	0.99	0.99	0.99
	0.99	0.84	0.89	0.99	0.99	0.05	0.99
	0.99	0.99	0.99	0.99	0.99	0.99	0.01

第 t+1 影格 物體特徵

(b) 計算兩影格間物體特徵距離矩陣

物體偵測結果　　　　　　　　　　物體偵測結果
第 t 影格　　　　　　　　　　　　第 t-1 影格

(c) 完成特徵配對與物體追蹤

◈ 圖 4-13　以深度學習物體偵測結果進行深度學習物體追蹤

4-4 行為識別

　　籃球比賽、化妝、遷徙都是某種行為，藉由行為的標籤，可以很容易地將一連串複雜的動作或一群實體間的互動分門別類。例如，籃球比賽指的是兩支隊伍於籃球這項運動以得到高分為目的進行對抗，然而參與比賽的人、進行比賽的地方等等的人、時、地、物等因素都可能有不同的組合。**行為識別**（action recognition）就是要讓計算機自動化地分析視頻，並判別出該視頻的行為標籤。

　　行為是實體與環境相結合的反應及行動，這個實體可以是人、動物、機器人等生物體或人造物體。行為識別技術係藉由分析視頻內容並識別目標實體從事行為的技術，本小節將著重於人的行為識別。如圖 4-14，給定一段視頻作為輸入，行為識別系統需輸出該視頻所屬的類別。

揮棒

踢足球

打籃球

打高爾夫球

◈ 圖 4-14　行為識別

　　相較於圖像識別，行為識別遭遇到更大的挑戰。圖像識別在於識別某種物體是否存在於圖像中，而行為識別從目標實體與環境中尋找時序上的線索來判別進行的行為，因此衍生出了不同的難題。

➲ 難題一：由於取像的方位、光線、角度等因素，影響了對於行為識別有用線索的採集。

　　深度神經網路提取出的特徵對於不同的環境採集到的資料有極高的**強健性**（robustness），不同於傳統的人工設計特徵，深度神經網路提取的已經不是單純的色彩、明暗、梯度等物理量，而是更能針對問題本身提取出更高層級的具有鑑別性的特徵（如圖 4-15）。因此，導入深度學習架構，可以在解決第一個難題上有很大程度的改進。

強健性是指一個電腦系統在執行過程中處理錯誤時,或是演算法在遭遇輸入、運算等異常時,繼續正常執行的能力。系統的強健性是在異常和危險情況下系統生存的關鍵。

參照視頻

方位變化

光線變化

角度變化

◈圖 4-15　取像的方位、光線、角度等都會影響行為識別有用線索的採集

➔ **難題二:**不同的個體在進行相同行為時可能有極大的差異性,也就是說,同一類別內,差異性可能非常巨大。

蛋炒飯是先炒蛋還是先炒飯?有人說,先炒飯再炒蛋,蛋才不會過熟;有人說,飯和蛋一起炒,蛋液和米飯才能混得均勻;有人說,蛋和飯分開炒,之後再混在一起炒;而中華一番中的黃金炒飯則是先炒蛋再炒飯。簡單的一道料理,完成的方法就有這麼多種。如圖 4-16,針對不同視頻中的相同行為,電腦應該如何識別呢?

仔細觀察可以發現,無論哪一種作法,蛋與飯都必然經過下鍋翻炒的動作。若整個過程中,只有蛋下鍋翻炒,那麼這樣的行為就成了炒蛋,而不是蛋炒飯了。也就是說,為了完成一個行為,勢必要經歷幾個必要的步驟。因此,對於時序上資料的分析就愈顯重要。

不同類型的吃東西行為

圖 4-16 不同的個體在進行相同行為時可能有極大的差異性

➲ **難題三**：在不同的採樣率下，不同的行爲可能有相同的表徵，亦即不同類別之間，視頻內容可能極爲相似。

圖 4-17 是擷取自一場棒球比賽視頻的連續圖像，圖 (a) 是投手在投手丘上跳躍的連續圖像，取樣率較低；圖 (b) 是打擊者擊中球之後開始往一壘跑的連續圖像，取樣率較高。從圖中可以發現，當採樣率不一致時，跳躍的行爲與跑步的行爲可以有完全一樣的表示（請比較圖 (a) 和圖 (b)，會發現圖像中有相同的特徵），因此，必須採用足夠高的頻率進行取像來分析視頻中的行爲。這是否代表視頻中所有的圖像都需要經過計算，才能精準地識別行爲呢？當然，使用的資訊比例與識別的正確率是正相關的。那麼，應該如何避免過大的運算量呢？

首先，觀察圖 4-17 跑步與跳躍的例子可以發現，整段視頻中的主體都是人，主要的差異在於擺臂、抬腿……等動作的速度與時間間隔。再回想蛋炒飯的例子，在整個蛋炒飯過程中，參與行爲的實體包括蛋、飯、鍋、鏟，而且這些通常會存在於視頻中的每個畫面，但是打蛋、攪拌、下蛋、下飯、拌炒……等步驟則各自佔據了視頻中的某些小片段。

由這樣的觀察中可以發現，對於原始視頻，只需少量的取樣，就有很大的機率取得所有參與行爲的實體的資訊；而眞正需要高取樣率的，則是完成行爲的必要步驟中的每個動作。這時候，在本章一開始學到的動作估測技術又再次派上用場了。利用較低取樣率對原始視頻進行取樣，再參考高取樣率的動作估測結果，便能有效地識別視頻中的行爲。

(a) 取樣率較低的跳躍

(b) 取樣率正常的跑步

◈ 圖 4-17　在不同的採樣率下，不同的行為可能有相同的表徵

➡ **難題四：環境中有許多與行為本身無關聯的物體存在。**

在一段籃球比賽的視頻中，兩隊的球員在球場上激烈角逐，白熾的燈光下，觀眾歡呼吶喊的熱情卻彷彿更加熾熱。記分板上兩隊的分數差距只有 2 分，比賽時間倒數只剩 5 秒，連兜售熱狗、可樂的小販都緊張地駐足盯著球場上的變化。得分後衛接到了隊友傳來的球，三分線起身跳投，籃球唰一聲進入籃框，完成了一次決殺。

就像一場劇中有主角、有配角，也有跑龍套的臨時演員，一段行為的視頻中，除了有必要的角色，也會有經常伴隨的場景，以及許多無關緊要的事物。在上述的視頻描述中，球員、籃球、籃框便足以表示視頻中含有籃球比賽的行為。而經常伴隨比賽出現的觀眾、記分板等，可以做為輔助行為識別的線索。白熾的燈、熱狗、可樂、小販對於識別籃球比賽就毫無幫助了。因此，若能有篩選視頻中重要角色的技術，便能讓動作識別結果不受到無關聯物體的影響（如圖 4-18）。

◈ 圖 4-18　環境中有許多與行為本身無關聯的物體存在

經過以上的分析，一個基於深度學習的行為識別系統架構便呼之欲出了。如圖 4-19，首先，原始視頻與動作資訊可以作為識別行為的重要依據；接著，對於原始視頻與動作資訊進行再採樣，這裡可以容許對原始視頻使用較低的再採樣率；然後，取樣後的內容輸入深度神經網路以提取強健性的特徵；最後，經由分類器得到行為識別的結果，這部份亦能搭配注意力機制篩選掉不必要的資訊以獲取更好的效果。

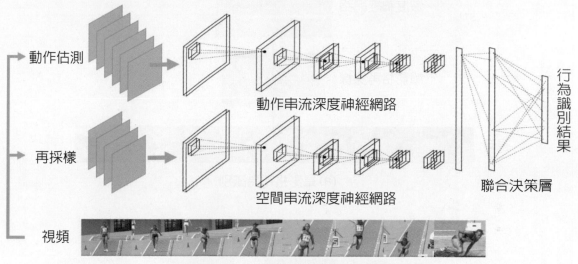

◈ 圖 4-19　深度學習的行為識別系統

我們在前面的章節已經學到了深度神經網路的特徵擷取與識別過程，在這一小節中將再介紹幾種再採樣的策略與結合注意力機制於深度神經網路的方法。

從視頻中識別動作的過程，可能有各式各樣的描述，以圖 4-20 為例，對一部跳遠視頻的描述可能有：

1. 有一個人在跳遠場，這應該是一部跳遠的視頻（如圖 4-20(a)，擷取單影格後再採樣，透過深度神經網路做出行為識別）。

2. 有一個人在跳遠場起跑點→在跑道上→踩上起跳板→站在沙坑，這個人在跳遠（如圖 4-20(b)，擷取多個影格後，針對每一個影格再採樣，並各自透過深度神經網路得到結論後，綜合做出行為識別）。

3. 看完了整部視頻，這個人在跳遠（如圖 4-20(c)，從原始視頻中擷取多個影格，直接透過深度神經網路做出行為識別）。

4. 有一個人在跳遠場助跑→起跳→落地，這是部跳遠的視頻（如圖 4-20(d)，將原始視頻擷取到的多個影格兩兩分組後再採樣，採樣的特徵再各自透過深度神經網路判別，綜合做出行為識別）。

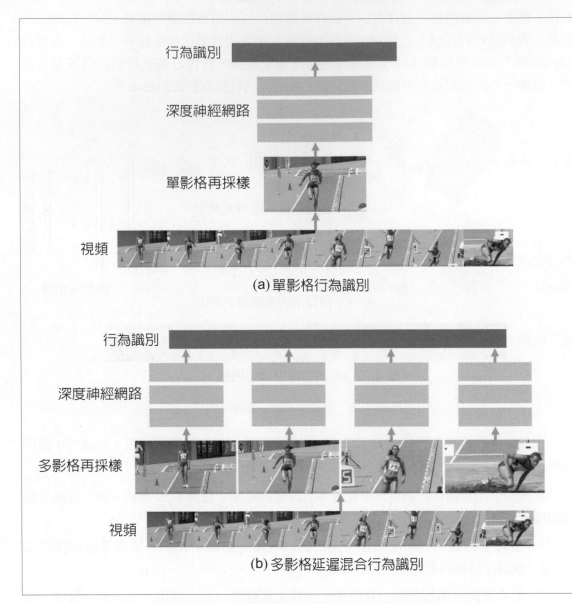

行為識別

深度神經網路

單影格再採樣

視頻

(a) 單影格行為識別

行為識別

深度神經網路

多影格再採樣

視頻

(b) 多影格延遲混合行為識別

◈ 圖 4-20　再採樣策略：(a) 單影格行為識別；(b) 多影格延遲混合行為識別

　　這也造就了不同的再採樣策略。在對行為識別的難題三的分析中提到，對於動作資訊的取樣率必須要高，而對原始視頻的取樣率可容許較低。因此，原始視頻可採用第 1 種和第 2 種再採樣策略，而動作資訊通常使用第 3 種或第 4 種再採樣策略。

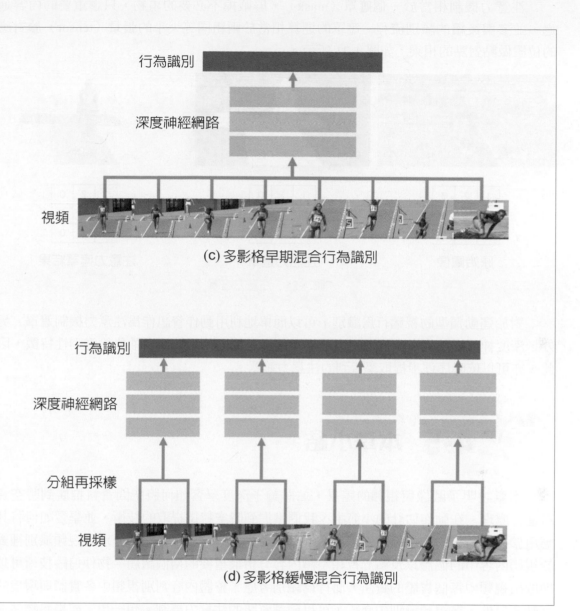

(c) 多影格早期混合行為識別

(d) 多影格緩慢混合行為識別

◈ 圖 4-20　再採樣策略：(c) 多影格早期混合行為識別；(d) 多影格緩慢混合行為識別

　　有時候視頻中的信息量很大，這時候就需要有個機制篩選掉對於目標行為類型無關緊要的資訊。在對行為識別的難題四的分析中，分析運動類型的行為時，運動員、運動器材、運動設施、運動場地……等是極重要的資訊；而背景、雜物、路人……等對於此類型的行為識別就毫無用武之地了。找到視頻中究竟是什麼內容能夠決定視頻中所展現的行為，就是**注意力機制**（attention mechanism）要做到的事情。

注意力機制相當於一個**遮罩**（mask），屏蔽掉不必要的事物，只讓重要的內容通過，並參與後續的識別流程。遮罩的運算相當於兩組同等大小的**張量**（tensor）於對應的位置做點對點的相乘，如圖 4-21 所示。

原始圖像　　　　　　　　注意力遮罩　　　　　　　　注意力遮罩結果

◈圖 4-21　注意力遮罩

對於運動類型的視頻行為識別，可以簡單地利用動作資訊作為注意力機制遮罩。另外，深度神經網路具有由底層到高層逐步提取具體的物理特徵到抽象的鑑別性特徵，因此，亦可以依時序逐步提取學習到的注意力遮罩。

 ## 4-5　本章小結

本章說明了圖像與視頻的差異，並討論了深度學習如何將空間資料推廣到時空資料進行處理。在動作估計的小節中，我們掌握到時空特徵提取的技術，並學習如何將其應用於後續內容的物件追蹤與行為識別問題。物件追蹤與行為識別分別是視頻識別裡對於視頻內容中的個體以及對於視頻整體內容分析最重要的兩個議題。物件追蹤技術可以擷取出視頻中每個實體的資訊，而行為識別考慮了整體內容判別視頻中各實體與環境的互動。另外，在視頻識別中介紹了可以篩選資訊的注意力機制。想一想，如果將物件追蹤與注意力機制結合於行為識別中，是否就能同時判別視頻裡所有實體在進行的行為了呢？

在接下來的章節，將會介紹語音識別技術，也可以思考看看，如果將視頻和語音或音訊結合起來，會有什麼重要或有趣的應用。

CH **05**

洗耳恭聽的時代

語音識別

張智星 國立臺灣大學資訊工程學系教授

學歷：美國加州大學電機電腦博士

本 章 架 構

FOXCONN Ai

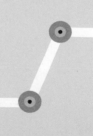

每天早上，鬧鐘響起，小明起床後便對著家裡的語音助理下達語音命令，問它「今天天氣如何」，就可以聽到今天的天氣預報，決定今天出門要穿涼爽一點還是厚重一點。剛好今天是小明媽媽的生日，晚上全家要請媽媽吃大餐，於是小明開始和語音助理一來一往地對話，以便預約一個完美的慶生晚餐。小明搭捷運上學的途中想聽一些音樂，他對著語音助理再下達語音命令「播放告白氣球」，就可以輕鬆地倘佯在美妙的歌曲之中。

在這整個過程中，電腦必須聽到我們的聲音並進行分析，同時，經由持續的互動來得知道我們的意圖，這就是「語音識別」帶來的應用情景，而且在目前都已經一一實現了。

電腦的 AI 為什麼會這麼聰明？AI 可以在語音識別方面做到什麼更驚人的事情？請聽我們娓娓道來。

 # 5-1　音訊的基本介紹

什麼是**音訊**（audio signals）？簡單地說，人的耳朵能夠聽到的聲音就稱為音訊，例如一般的語音和音樂。若以較嚴謹的定義來說，只要**基本頻率**（fundamental frequency）介於 20 Hz 到 20 kHz 的訊號就是音訊。而基本頻率是指某個訊號在一秒內所產生的基本週期個數（對頻率的說明這裡暫且不表，後面我們會舉出其他範例）。

赫茲（Hertz）是頻率的單位，簡稱 Hz。較高的頻率，例如 10^3 Hz，可標示為 1 kHz。

要特別注意的是，人的耳朵所能聽到的聲音會隨著年紀而變，年紀越大，所能聽到的聲音頻率範圍就越窄。舉例來說，如果你使用**蚊子鈴聲**（mosquito ringtone）來當做你的手機鈴聲，因為它的基本頻率很高，所以上課時你的手機響起，只有你和你的同學聽得到，台上那位 50 歲的老師是聽不到的！

如果你跟爺爺奶奶講話時，他們答非所問，請不要生氣，因為：

- → 你總有一天也會變老。
- → 他是真的聽不到高頻音，例如子音，因此可能會把「慶城街」聽成「硬成噎」！

　　相較於其他動物而言，人類的聽力是相對薄弱的。很多動物都能夠聽到高頻的訊號，以狗爲例，我們可以用犬笛來呼叫狗，但是我們自己卻聽不到犬笛的聲音。另外，還有一些動物能夠發出高頻的訊號，像是海豚和蝙蝠，並藉著這些訊號來尋找獵物或聯絡同伴。

　　要產生音訊，需要一個振動源來產生空氣的振動，例如：

> ➲ **語音**：需要聲帶的振動
> ➲ **吉他聲**：需要吉他弦的振動
> ➲ **笛聲**：需要由吹嘴產生空氣摩擦及振動
> ➲ **關門聲**：門板的震動

　　這個振動源將會帶動空氣的波動，形成空氣的壓力波，一鬆一緊，一鬆一緊，一路向外傳送。人類的耳朵裡有耳膜，可以感受到空氣的波動，這些波動牽動內耳神經，最後經由大腦解析，就變成我們聽到的聲音（如圖 5-1）。

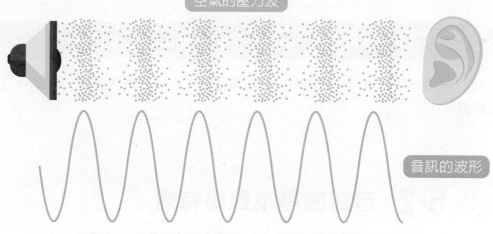

空氣的壓力波

音訊的波形

◈ 圖 5-1　由音源所形成的壓力波，經由空氣傳播到人的耳膜

　　若要將音訊錄製成數位格式的電子檔，我們就必須使用對於空氣波動相當敏感的感測器，將壓力波轉換爲電壓訊號，最後將這個電壓訊號以數位的方式儲存下來。在這個記錄音訊的過程中（例如使用電腦軟體進行錄音時），通常必須指定下列三項參數：

取樣率（sample rate）

這項參數決定我們在一秒內的取樣點數，通常以 Hz 為單位，取樣率越高，所儲存的音訊品質越好，但所佔用的儲存空間也會越大。一般常見的取樣率有：

- ⊝ **8 kHz**：每秒鐘取樣 8,000 點，一般電話的通話使用這種取樣率。
- ⊝ **16 kHz**：每秒鐘取樣 16,000 點，適用於一般語音識別的錄音。
- ⊝ **44.1 kHz**：每秒鐘取樣 44,100 點，一般的音樂 CD 即是採用這種取樣率。

位元解析度（bit resolution）

對於每一個取樣點，要代表該點所需使用的**位元**（bits）數稱為位元解析度。一般常用的位元數是 8 或 16 個位元，位元數越高，音訊品質越好，但是需要的儲存空間也會越大。

聲道數（number of channels）

同時要用幾個麥克風來錄音，一般是**單聲道**（mono）或**雙聲道**（stereo，又稱為**立體聲**）。

5-2 音訊的基本聲學特徵

在分析一段音訊時，我們會將音訊切成比較短的單位，稱為**音框**（frame）。通常一個音框必須包含數個**基本週期**（fundamental period），才能充分擷取音訊的特徵。接著，我們就可以從一個音框內提取**聲學特徵**（acoustic features）做進一步的分析。通常，音框和音框之間可以重疊，而每秒出現的音框數稱為**音框率**（frame rate），音框率越高，所需要的計算資源越大。

圖 5-2 是從一段音訊中切出多個音框的示意圖。

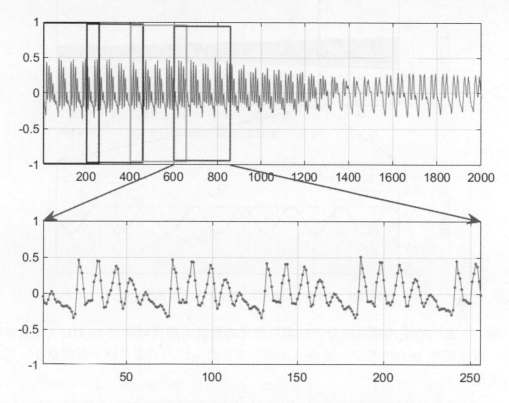

◈ 圖 5-2　將音訊切成數個音框，一個音框必須包含數個基本週期

　　人類的耳朵聽到一段音訊後，立即可以感受到的特性有**音量**（volume）、**音高**（pitch）和**音色**（timbre），但若要使用電腦來分析音訊，就必須使用數學公式來描述這些特性，以「逼近」人耳的感覺。這些由每一個音框所抽出來的數值或向量就稱為聲學特徵，說明如下：

音量

　　代表音訊的**強度**（intensity）或**能量**（energy），通常可以使用音訊的震幅來類比。震幅越大，音量就越大。音量的單位是**分貝**（decibel，常用 **dB** 表示）。

音高

　　代表音訊的高低，例如通常女生的歌聲會比較高，而男生的歌聲會比較低。我們使用在每一秒內出現的基本週期個數來代表音高。舉例來說，如圖 5-3 所示，我們可以先用肉眼觀察音叉的波形，抓出基本週期的位置，然後決定音高。

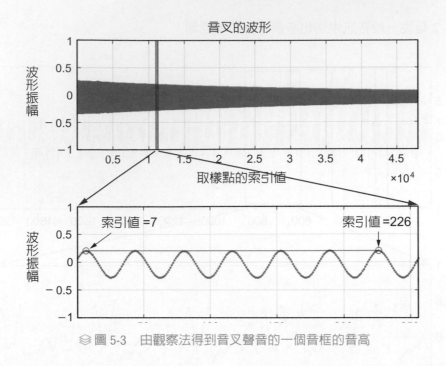

◈圖 5-3　由觀察法得到音叉聲音的一個音框的音高

　　圖 5-3 表示的是所處理的聲音內容爲音叉的錄音，取樣頻率是 16 kHz（也就是每秒的聲音取樣點是 16,000 點）。如圖 5-3 所示，我們先切出一個音框，長度是 256 點，時間長度是

$$\frac{256點}{16000點/秒} = 0.016秒 = 16毫秒$$

　　接著，使用觀察法在這個音框內挑到 6 個完整的基本週期，開始於第 7 點，結束於第 226 點，因此，基本週期的時間長度是

$$(226\text{-}7) \div 6 = 36.5 \text{ 點}$$

對應的基本頻率則是

$$16000 \div 36.5 = 438.36 \text{ Hz}$$

代表每秒鐘大約有將近 438 個基本週期。

我們也可以利用類似的方式來決定一個人講話的音高，以圖 5-4 來說明。

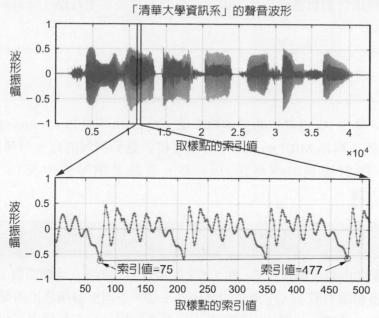

◈ 圖 5-4　由觀察法得到一句語音的一個音框的音高

　　圖 5-4 表示的是所處理的聲音內容為「清華大學資訊系」，取樣頻率是 16 kHz（也就是每秒的聲音取樣點是 16,000 點）。我們先切出一個音框，長度是 512 點，時間長度是

$$\frac{512點}{16000點/秒} = 0.032秒 = 32毫秒$$

　　接著，使用觀察法在這個音框內挑到 3 個完整的基本週期，開始於第 75 點，結束於第 477 點，因此，基本週期的時間長度是

$$(477-75) \div 3 = 134 \ 點$$

對應的基本頻率是

$$16000 \div 134 = 119.40 \ \text{Hz}$$

代表每秒鐘大約有將近 119 個基本週期。

 NOTE

在觀察法中，基本週期的偵測是靠肉眼來達成，而決定每一個基本週期開始的點，通常稱為音高週期起點（pitch mark），可以是波峰（例如圖 5-3 的音叉範例）或波谷（例如圖 5-4 的人聲範例）。

由於人類的耳朵對於聲音高低的感覺並不是直接和聲音的基本頻率成正比，而是和聲音的基本頻率之對數值成正比，因此，我們通常使用**半音差**（semitone）來表示音高，公式如下：

$$pitch = 69 + 12\log_2\left(\frac{freq}{440}\right)$$

其中，*freq* 是以 Hz 為單位的基本頻率值，而 *pitch* 則是以 semitone 為單位的音高值，這個音高值又稱為 MIDI number，可以直接對應到鋼琴的每一個琴鍵，例如，當 *freq = 440* 時，所對應到的音高是 *pitch=69*，這就是鋼琴的中央 La（或稱 middle A、A440、A4）鍵。

 音色

代表音訊的內容，例如「ㄚ」和「ㄛ」的發音方式不同（大嘴型對上小嘴型，請務必自行發音體驗看看），所產生的音色也不同。不同樂器所發出的聲音，也是屬於不同的音色。通常，我們使用音訊在不同頻率的能量分布來代表音色，因此，經由**快速傅立葉轉換**（fast Fourier transform，縮寫為 **FFT**）將一個音框的訊號轉成**幅度頻譜**（magnitude spectrum），就可以做為音色的特徵。但是幅度頻譜的特徵常受到音高的影響而有**諧波**（harmonics）的現象，因此，我們常在做語音識別時使用另一個典型的音色特徵 **MFCC**（mel-frequency cepstral coefficients，**梅爾倒頻譜係數**），這個特徵比較不會受到諧波的影響，可以代表人耳對音色的感受。

以上提到的**聲學特徵**表現在時域的波形時，可以顯示如圖 5-5。

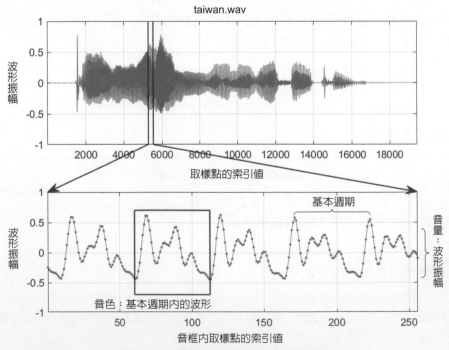

　　　　◈圖 5-5　聲學特徵顯示於時域的對應表現

若是使用 FFT 將一個音框的訊號轉成幅度頻譜，那麼，上述的聲學特徵可以顯示如圖 5-6。

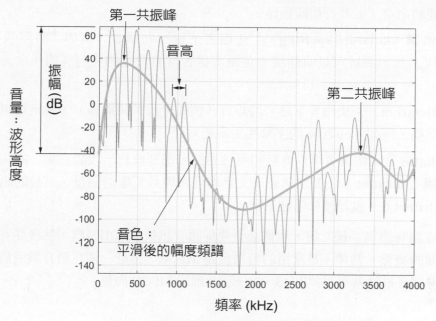

◈圖 5-6　聲學特徵顯示於頻域的對應表現

把一段音訊切成音框的集合後，我們就可以針對每個音框來抽取聲學特徵（可能是一個數值，例如音量或是音高；也可能是一個向量，例如頻譜或是 MFCC），不同的應用會需要用到不同的聲學特徵，電腦必須能夠自動地計算這些特徵，才能進一步進行後續的分析或分類。接下來，我們將說明音訊識別的各項應用，以及可能用到的聲學特徵和相關的機器學習方法。

5-3 語音識別

讓電腦能夠聽懂人的對話，一直是人類長久以來的夢想。近年來由於電腦速度大幅提升，語音識別的應用也越來越普遍，像是蘋果手機的 Siri 語音助理或安卓手機的語音轉文字等智慧型手機語音應用，或是 Amazon Alexa 和 Google Home 等智慧音箱等等，都是深入人們日常生活的語音識別實際應用。

語音識別的應用可以根據不同的方式來分類。第一種方式是根據語音識別系統的使用者來分類：

> ➲ 語者相關（speaker dependent）：系統的使用者只限定特定人士。
>
> ➲ 語者獨立（speaker independent）：系統的使用者可以通用於一般人士。

第二種方式是根據語音識別系統的功能來分類，依照難度可以區分如下：

● 語音命令（voice command）：使用者下達一句語音命令，系統從有限命令集中找出最有可能的命令，並執行相關動作。

● 關鍵詞偵測（keyword spotting）：使用者下達一句語音（例如「請幫我查詢今天天氣如何」），系統可以偵測這一句語音是否含有特定的內容（如「今天」及「天氣」）。

● 聽寫（dictation）：使用者下達一段語音（例如一段新聞播報），系統可以自動產生正確逐字稿，例如 YouTube 的字幕產生系統。

● 對話（dialog）：使用者可以直接和電腦對話，電腦收到一段語音後，能夠瞭解使用者的**意圖**（intention），並以語音或文字進行合理且正確的回覆。一般的語音**聊天機器人**（chatbot），就是屬於這種系統。

在建立語音識別系統之前，我們必須先從語音訊號中切出音框，然後從音框中抽出跟音色相關的特徵。其中，最常用的特徵就是 MFCC，這是一個在語音識別最常用到的特徵，每一個音框通常可以抽出 13、26 或 39 維的 MFCC 向量。

如果對 MFCC 的說明或計算代碼有興趣的話，都可以從網路上查到，本書就不再深入討論。亦可參考筆者的網頁對於 MFCC 的說明：http://mirlab.org/jang/books/audioSignalProcessing/speechFeatureMfcc.asp?title=12-2%20MFCC

根據上面的分類，最簡單的語音識別系統就是「語者相關的語音命令識別系統」，通常就是「用自己的聲音比對自己的聲音」。2000 年的時候，台灣易利信（2011 年起更名為台灣愛立信）為當時主打全聲控的手機 Sony Ericsson T18 推出一支廣告，廣告中，金城武對著手機喊「拉麵」，手機就自動撥打拉麵店的電話。要像金城武這樣，可以在手機裡面預錄幾組語音，每一組語音對應到一組電話號碼。例如，「拉麵」這組語音對應到拉麵店的電話，因此當金城武對著手機喊「拉麵」時，系統會對所輸入的聲音和已經預錄好的聲音進行比對，若比對正確，手機就會自行撥電話到拉麵店。但是，對電腦而言，人類的語音變化度極大，如果是金城武的妹妹對著金城武的手機喊「拉麵」，就不見得有效，因為手機內部用來比對的錄音是金城武的聲音，不是他妹妹的聲音。

想要回顧 2000 年 Sony Ericsson T18 的拉麵廣告，可以連結這個網址：https://www.youtube.com/watch?v=M4hFuUYBGf0

　　若要建立「語者相關的語音命令識別」系統，最基本的方法就是使用**動態時間扭曲**（dynamic time warping，簡稱 **DTW**）來進行比對。這是一個基於**動態規劃**（dynamic programming，簡稱 **DP**）的方法，它可以根據講話的音色來進行比對，同時也會針對不同的語音速度來進行局部伸縮，以達到最好的**對位**（alignment）效果，如圖 5-7 所示。

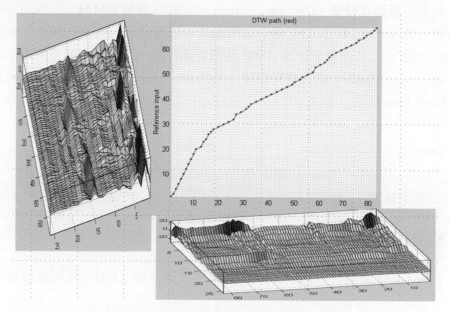

◈圖 5-7　DTW 比對後所得到的最佳路徑圖

　　在圖 5-7 中，X 軸和 Y 軸的語音內容都是「清華大學」，但是 Y 軸的語音比較平穩，X 軸的語音則是前面快後面慢，經由 DTW 的比對，可以找到兩者最佳的對位，進而求出兩段語音的最短距離。因此，若要建立一個「語者相關的語音命令識別系統」，只要請使用者先預錄一組語音命令（每一個語音命令可以錄製多次，例如錄製三次），當使用者發出測試語音時，就可以進行**端點偵測**（endpoint detection）並計算 MFCC，再以這一組 MFCC 和預錄語音命令的 MFCC 來進行 DTW 比對，距離最短的的語音命令就是我們要找的答案。

　　　　目前最複雜的語音識別系統，就是「語者無關的對話系統」，例如蘋果手機的 Siri 語音助理、Amazon 的 Alexa 智慧音箱，以及 Google Home 語音助理等。

　　這些「語者無關的對話系統」就像是虛擬助理般，都可以和人們進行簡單的對話，同時藉由瞭解使用者的意圖，協助人們做一些簡單事情，比方說預定車票、查詢天氣或電影等。若要建構此類系統，就必須改用比較複雜的聲學模型來進行，語音的特徵仍是 MFCC，但是我們要使用不同的**聲學模型**來代表不同的音色（子音或母音等），並根據這個聲學模型來算出一個 MFCC 向量所對應的**機率密度**（probability density）。

舉例來說，我們可以收集 100 人所發出的母音「ㄚ」，切出音框後，每一個音框再抽出 39 維的 MFCC 向量，接著，使用一個高維度的**機率密度函數**（probability density function，簡稱 **PDF**）來建立這些 MFCC 向量的聲學模型。建立這個模型最常用的方法就是**最大似然率估測法**（maximum likelihood estimate，簡稱 **MLE**）。一般最常用的機率密度函數是**高斯混合模型**（Gaussian mixture models，簡稱 **GMM**），是由一組高斯機率密度函數（Gaussian PDF）的加權平均所組成，根據最大似然率估測法，我們就可以根據所給的一組 MFCC 向量來計算 GMM 的最佳參數值，包含每一個高斯機率密度函數的**平均向量**（mean vector）和**共變異矩陣**（covariance matrix），以及這些函數的**加權權重**（weighting factors）。

一般 PDF 所算出來的數值，是機率密度，但是在實際運算中，我們常要對機率密度進行連乘，導致數值越來越小而讓電腦的數值運算容易產生誤差，為了避免此問題，我們通常將機率密度取對數，同時將「連乘」改為「連加」，以降低電腦的數值運算誤差。此外，似然率和機率（或機率密度）的概念非常類似，都是代表一個事件發生的可能性，在此先不詳述它們的細微差異。

　　圖 5-8 和 5-9 是使用高斯 PDF 及 GMM PDF 來對一維（1-D）資料進行建模的典型範例。

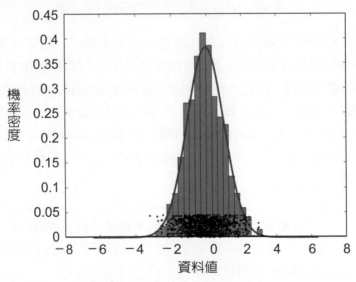

◈ 圖 5-8　一維高斯 PDF 的範例

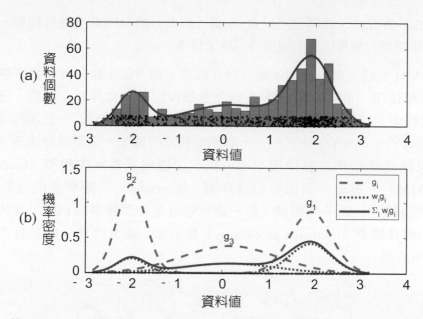

◈ 圖 5-9　一維 GMM PDF 的範例，此 GMM PDF 由三個高斯 PDF 的加權平均所組成：(a) 資料分布圖及直方圖；(b) 由三個高斯 PDF 所組成的 GMM PDF

　　圖 5-10 和 5-11 是使用高斯 PDF 及 GMM PDF 來對二維（2-D）資料進行建模的典型範例。

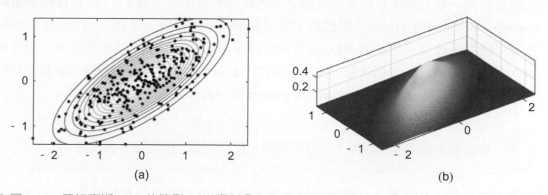

◈ 圖 5-10　二維高斯 PDF 的範例：(a) 資料分布圖及 PDF 等高線；(b) 由 MLE 得到的高斯 PDF

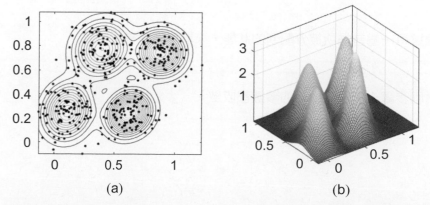

◈ 圖 5-11　此 GMM PDF 由四個高斯 PDF 的加權平均所組成：(a) 資料分布圖及 PDF 等高線；(b) 由 MLE 得到的 GMM PDF

依照 MLE 的方法，我們也可以對 39 維（39-D）的 MFCC 來進行建模，只不過建模之後的結果很難以簡單的曲面圖或等高線來檢視。

使用 GMM 來建立聲學模型，是一個比較基本的方法。如果考慮發音隨時間而變的情況，那麼使用一個單一的 PDF 來建立聲學模型是不合理的。例如，母音「ㄞ」在發音的過程中，我們的嘴形是連續變化的，是由「ㄚ」變到「ㄧ」（你可以試著用很慢的速度唸ㄚ、ㄧ、ㄚ、ㄧ、……，漸漸加快唸的速度，是不是變成ㄞ了呢？）。因此，若要建立更精準的聲學模型，可以改用**隱藏式馬可夫模型**（hidden Markov models，**HMM**），這是一個用於描述**序列**（sequences）的機率密度函數，每一個 HMM 由數個**狀態**（state）所組成，每一個狀態就是一個靜態的 PDF，而狀態之間的轉移可以由**轉移機率**（transition probability）來表示。圖 5-12 是一個具有三個狀態的 HMM 模型示意圖。

◈圖 5-12　具有三個狀態的 HMM 示意圖

舉例來說，若使用 HMM 來代表「ㄞ」的聲學模型，我們可以使用 3 個狀態，每一個狀態就是由一個 GMM 來代表，狀態之間的轉移可以使用一個 3×3 的**轉移機率矩陣**（transition probability matrix）來代表。這個聲學模型的參數（包含三個 GMM 的參數以及轉移機率矩陣），也是由 MLE 的方法來計算得出。由於事先並不知道每一個音框的 MFCC 向量是屬於哪一個狀態，因此在實作上必須逐次進行分配，最後達到最大的似然率，這個方法稱為**分段式 K-means**（segmental k-means），步驟如下：

第1步　對於每一個語句，使用 DP 將語句的 MFCC 向量分配到每一個狀態。

第2步　對於每一個狀態，根據被分配到的所有 MFCC 向量來計算對應的 GMM 最佳參數。

第3步　根據每一個音框所被分配到的狀態，來計算轉移機率矩陣。

第4步　跳回步驟一，直到所有的參數都收斂。

使用 HMM 來表示一個聲學模型，通常得到的效果會更好，因為它能夠表示一個發音隨時間而變化的現象。

在實際的識別系統中，我們通常會更仔細地將所有發音區分為更小的基本發音單位，稱為音素（phoeme），這是人類語音中能夠區別不同發音的最小聲音單位。因此，我們會根據音素來建立聲學模型，而不是單以注音符號中的子音或母音來建立模型。例如：

> ➔ 「ㄚ」可以使用一個音素來表示：a
> ➔ 「ㄞ」可以使用兩個音素來表示：a 和 i（也就是「ㄚ」和「ㄧ」的串接）
> ➔ 「ㄠ」可以使用兩個音素來表示：a 和 u（也就是「ㄚ」和「ㄨ」的串接）

舉例來說，如果不考慮聲調，「你好」的注音符號是「ㄋㄧㄏㄠ」，漢語拼音是「ni-hao」，轉換成音素的結果則都是「n_i-h_a_u」。

此外，為了能夠更精準地抓出不同的發音，我們會將音素再細分各種情況來進行聲學模型的建模。以「平安」（ㄆㄧㄥㄧㄢ或 ping-an）為例：

> ➔ 單音素（**monophone**）：以單音素來建立聲學模型，可得到 p-i-ng-a-n。
> ➔ 雙連音素（**biphone**）：以右相關（right-content dependent，**RCD**）音素來建立聲學模型，可得到 sil+p、p+i、i+ng、ng+a、a+n、n+sil。其中，sil 代表靜音（silence）。由於我們假設前後都是靜音，所以模型的開頭和結尾都須加上 sil。
> ➔ 三連音素（**triphone**）：以左右相關音素來建立聲學模型，可得到 sil+p-i、p+i-ng、i+ng-a、ng+a-n、a+n-sil。

可以想見，使用單音素來建立的聲學模型會比較粗略，但是佔用空間小，且需要的訓練資料量和計算資源需求都比較少；使用雙連音素及三連音素所建立的聲學模型會比較精緻，但是佔用空間大，且需要的訓練資料量和計算資源需求都會相對較大。

因此，對於一句文句，我們可以先轉出拼音，然後根據拼音轉出音素序列，接著就可以將音素序列再轉換成 HMM 聲學模型的串接。若以文句「你好」來說明，建立雙連音素序列的步驟如下（不考慮前置靜音）：

第**1**步　轉拼音：你好→ㄋㄧˇㄏㄠ或 ni-hao

第**2**步　轉音素：ㄋㄧˇㄏㄠ或 ni-hao→n_i-h_a_u

第**3**步　轉雙連音素：n+i、i+h、h+a、a+u、u+sil

第**4**步　串接成 HMM 模型，如圖 5-13 所示。

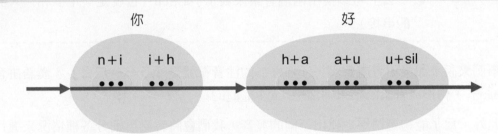

◈圖 5-13　對應到「你好」的 HMM 模型示意圖

　　針對一句語音，我們可以先算出對應的 MFCC 向量組，然後就可以將這個向量組送到這個串接的聲學模型，使用**維特比搜尋演算法**（Viterbi search，這也是一種 DP 的方法）來得到這個語音對於這個 HMM 的最大似然率，我們可以想像這個過程類似在填表，當我們完成填表，就可以知道每個音框要分配到哪一個狀態，才能得到似然率的最大值（圖 5-14）。

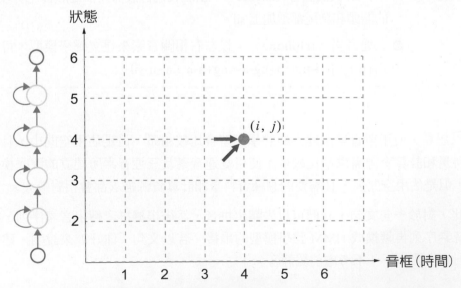

◈圖 5-14　使用維特比搜尋演算法將每一個音框分配到 HMM 的狀態，以得到最大的似然率

由維特比演算法所得到的似然率，可以想像成是語音與文句的符合程度。似然率越高，代表這一段語音訊號越有可能是對應到這一個文句。若有可識別的 n 個命令文句，我們就可以算出 n 個似然率。似然率最高的文句，就對應到語音命令識別的最可能結果，這就是「語者無關的語音命令識別」的基本原理。

在系統實作時，這個表格可能很大，例如 10 秒的語音就大約會有 1,000 個音框，假設每個字平均由 6 個 HMM 狀態來代表，那麼，5 個字的文句就會產生大約 30 個 HMM 的狀態，因此，我們就必須對 30,000 個儲存格進行填表！若是可識別命令有 10,000 個文句，平均每一句有 5 個字，那麼整體運算就需要填入 3 億個儲存格！在實際運算時，我們通常還會進行各種優化及簡化，以便能夠達到即時識別的要求。

如果更進一步地想要進行更複雜的「聽寫」，就要考慮到每個人講話時到底會用到哪些詞，以及這些詞在串接時的可能性。用來計算這些可能性的數學模型稱為**語言模型**（language model），和之前說明的聲學模型剛好在語音識別扮演相輔相成的角色。一般的語言模型是以 n-gram 模型為主，n-gram 就是 n 個詞的串接，簡單地說，也就是一個模型可以計算一組詞串接在一起的機率。以英文為例，如果一句語音被識別成兩種可能：

- It's hard to recognize speech.
- It's hard to wreck a nice beach.

這兩個文句的發音相當接近，但是我們若啟用語言模型，就會知道一般人會講「wreck a nice beach」的機率遠低於「recognize speech」，因此電腦應該會選擇第一個文句為識別結果，這也是我們要的正確答案。在實際運算時，通常還會以**樹**（trees）或**圖**（graphs）來建立更複雜的資料結構，例如**詞格**（word lattice），並在此資料結構進行各種搜尋及優化，以期望在可忍受的時間內（例如一秒內）能夠回傳識別結果，但這方面牽涉相當多資料結構和演算法的細節，在此不再贅述。典型的詞格範例如圖 5-15 所示。

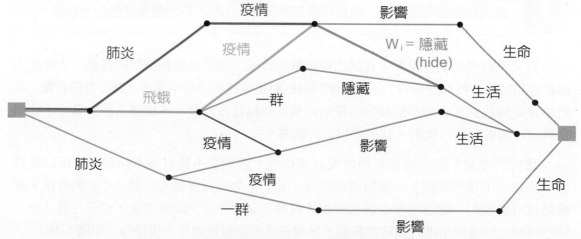

◈ 圖 5-15　典型的詞格，可加入語言模型以計算識別結果

（資料來源：http://berlin.csie.ntnu.edu.tw/SpeechProject/Research/Transcription/Acoustic_Lookahead.htm）

上述使用 HMM 的方法已經被用了數十年，但是近期流行的深度神經網路（DNN）方法得到的識別效果更好，只是需要的計算量較大。它的基本概念是使用 DNN 來取代 GMM，使得原來的 GMM-HMM 的架構被取代成 DNN-HMM，並且使用**圖形處理器**（graphic processing unit，簡稱 **GPU**）來進行大量的平行優化運算，才能得到更好的識別效果。

5-4 哼唱選歌

音訊的識別有很多應用，上一節我們談到語音識別，這一節讓我們來談談音樂檢索的應用。

你是否曾經經歷下列情況：

> → 熟悉的旋律在腦中餘音繞樑、三日不絕，但是卻怎麼也想不起它的歌名。
> → 到 KTV 唱歌，朋友們熟練地從電腦或歌本裡找歌，你卻將歌名、歌手忘光光，而不知該從何找起。

這時候你需要的是「**哼唱選歌**」（Query By Singing/Humming，簡稱 **QBSH**），換句話說，也就是你可以哼唱一段主旋律，讓電腦幫忙辨識出來這是哪一首歌。這是一個有趣的應用，主要的流程如下：

 對使用者的哼唱輸入進行音高追蹤（pitch tracking），以產生隨時間而變的音高向量。

 使用前述的音高向量，與資料庫的歌曲進行比對，找出最接近的前十首歌。

首先，我們必須先瞭解，在講話或唱歌的時候，通常是倚賴聲門的震動，才能產生週期性的波形（特別是母音），因此聲門的振動頻律就稱為基本頻率。對於整段歌聲，我們希望能夠找到基本頻率隨時間而變的向量（稱為音高向量），根據這個向量，才能和資料庫中的歌曲進行比對，找出最相似的歌曲。

請特別注意，氣音的波形通常沒有規律性，因此也不具有基本頻率。你可以試看看，將你的手按在喉嚨上，並放慢速度說「七」，你可以發覺，在發「ㄑ」的時候，喉嚨是沒有振動的，聲音完全是由舌頭和牙齒間空氣的急速流動所產生，但是在發「一」時的時候，喉嚨開始進行規律性振動，呈現在外的波形也就有了規律性（如圖 5-16）。

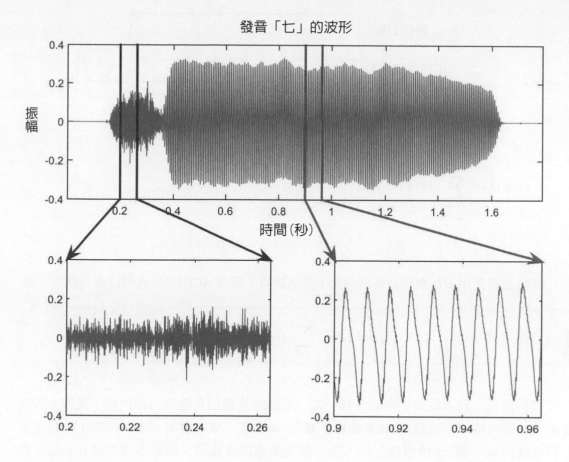

發音「七」的波形

◈圖5-16　將波形放大後，可以發現一般子音都沒有週期性，而母音則有明顯的週期性，所以有明確的音高

　　由圖5-16可以看到，母音有很明顯的規律性，因此我們可以由5-2節介紹過的觀察法來找出基本週期，方法並不難，但是若要使用電腦來自動抓音高，就需要一些技術了！

　　有很多方法可以用來抓音高，其中，最直覺的一種方法，稱為**自相關函數**（auto-correlation function，簡稱 **ACF**），其原理是對一個音框反覆進行平移及內積（乘積和），最後算出一條 ACF 曲線，再抓這條曲線第二最大值的位置，此位置的 X 座標和原點的間隔就是基本週期（以取樣點為單位），接著，我們將取樣率除以上述的基本週期，即可得到每秒鐘出現基本週期的次數，這就是音高（以 Hz 為單位，但這和取樣率的 Hz 並不相關）。示意圖如圖5-17所示。

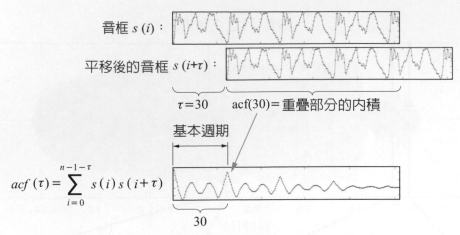

音框 $s(i)$：

平移後的音框 $s(i+\tau)$：

$\tau=30$ acf(30)＝重疊部分的內積

基本週期

$$acf(\tau)=\sum_{i=0}^{n-1-\tau}s(i)s(i+\tau)$$

30

◈圖 5-17　使用 ACF 來計算一個音框的音高

假設我們使用 $s(i)$ 來代表音框內第 i 個訊號值，那麼 ACF 的公式可以表示為：

$$acf\left(\tau\right)=\sum_{i=0}^{n-1-\tau}s\left(i\right)s\left(i+\tau\right)$$

　　換句話說，將音框每次向右平移一點，和原本音框的重疊部分做內積，重複 n 次後會得到 n 個內積值，這就是 ACF 曲線。當 $\tau=0$ 時，ACF 會有一個最高點，但這不是我們要找的點。當 τ 慢慢變大時，第一個基本週期會和第二個基本週期疊在一起，此時 ACF 又會出現第二個高點，這個高點就是我們要找的高點，它出現的位置就是我們要找的基本週期。

　　根據上面的說明，我們就可以對一段聲音訊號進行切音框、計算 ACF、計算音高，進而找出一段聲音的音高向量。別忘了，靜音是沒有音高的，因此還必須計算每個音框的音量（可簡單定義為每個音框內的訊號平方和）。如果音量太小，則將此音框的音高設定為零，代表沒有音高。使用前述抓取 ACF 音高點的方法，我們可以對一段聲音進行音高追蹤。

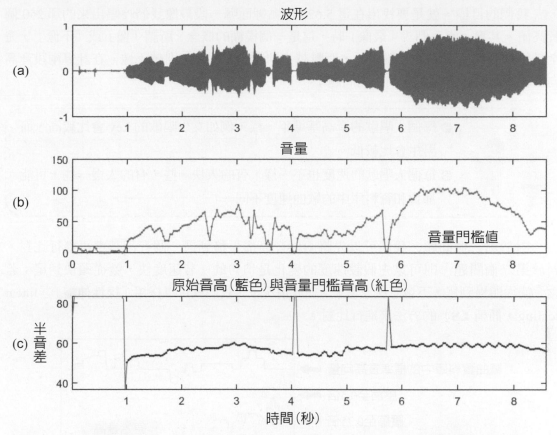

◈ 圖 5-18　一段音訊的音高計算。其中，圖 (a) 是歌聲波形圖，圖 (b) 是音量曲線（紅色水平線為音量門檻值），圖 (c) 是音高曲線

在圖 5-18 中共有三個小圖，分別說明如下：

● 圖 (a) 是原始歌聲波形，內容是「在那遙遠的地方」。

● 圖 (b) 是音量圖，其中的紅線是音量門檻值（等於最大音量的 1/10），若音量低於此門檻值，則音高設定為零。

● 圖 (c) 是使用 ACF 所算出來的音高曲線。這一段歌聲是由清華大學資工系蘇豐文老師所唱，他曾經是台大合唱團高音部，唱歌技巧很好，所以在整段歌聲的後半部有很明顯的抖音，這個現象也翔實地呈現在對應的音高和音量曲線。

　　一旦找到音高曲線後，我們要和資料庫中的歌曲進行比對。當然，資料庫的每一首歌曲也都是事先轉成音高向量的形式，通常我們取的音框長度是 32 毫秒，因此每秒鐘會有 1 ÷ 0.032 = 31.25 個音高點。如果一首歌有 3 分鐘，對應的音高向量就會有 3 × 60 × 31.25 = 5,625 個音高點。我們的哼唱輸入歌聲假設有 8 秒，就會產生 8 × 31.25 = 250 個音高值。

我們的目標，就是要找出在這 5,625 個點裡面哪一段最像我們哼唱出來的那 250 個音高值。其實，當我們說「最像」時，這是一個模糊的概念。所謂「像」或「不像」，完全是根據我們所用到的距離函數，距離越小則越像，反之，則越不像。在計算兩段音高向量的距離時，必須考慮到下列問題：

> ➲ 每個人唱歌的音高基準不一樣，例如女生唱歌的 key 會比較高，而男生會比較低。
> ➲ 每個人唱歌的速度也不一樣，有的人快一些，有的人慢一些，可能都會和資料庫中的歌曲速度不同。

對於第一個問題，我們可以先將兩段音高都平移到同一個音高基準再進行比對。對於第二個問題，則可以先假設速度的變化是均勻的（若速度快，就從頭快到尾；若慢，就從頭慢到尾，不會忽快忽慢），在此情況下，我們就可以採用「**線性伸縮**」（linear scaling，簡稱 **LS**）的方法來進行比對。

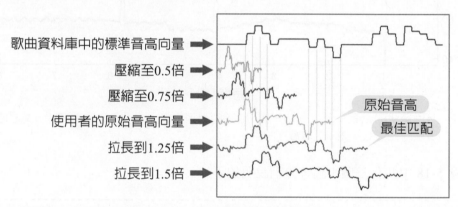

歌曲資料庫中的標準音高向量 ➡
壓縮至0.5倍 ➡
壓縮至0.75倍 ➡
使用者的原始音高向量 ➡
拉長到1.25倍 ➡
拉長到1.5倍 ➡

原始音高
最佳匹配

◈圖 5-19　使用 LS 來計算歌聲音高和資料庫裡歌曲音高的距離。以本例而言，當伸縮比是 1.25 時，可以得到最短距離

由圖 5-19 中可以看出，當我們將輸入音高向量拉長 1.25 倍（同時將輸入音高向量的平均值平移到對應歌曲音高向量的平均值），將和資料庫中的某一首歌曲得到最近的距離，此距離即是此輸入音高向量和此歌曲的距離（此處的距離函數可以簡單地定義為兩個向量在高度空間的直線距離）。因此，在比對一首歌曲時，我們可以嘗試不同的伸縮倍數，例如從 0.5、0.51、0.52、…、1.49、1.50 等，共 101 種可能，來找出最佳的伸縮倍數以及對應的最短距離。若資料庫中有 1000 首歌曲，將得到 1000 個最短距離，我們可以根據這些距離來排序，距離越短的歌曲，就越可能是我們哼唱的歌。

如果你唱歌忽快忽慢，這時候就不能使用 LS，而要使用運算量更大的 DTW（動態時間扭曲）方法來進行比對。

說明至此，相信大家對哼唱選歌已經有了基本的瞭解。或許你們會問，那下一步是什麼？還有什麼技術問題尚待克服？其實問題還很多，相關的研究也一直在進行當中，以下列出幾點：

第一個問題

歌曲資料庫的建置，這是最大的問題。例如，若要將哼唱選歌用於卡拉OK，我們必須先將所有的卡拉OK歌曲建入資料庫，但是如何對這些**複音音訊音樂**（polyphonic audio music）進行音高追蹤呢？這是一個困難的問題，因為一旦音樂中包含人聲及背景音樂，人聲的音高就很難被準確地計算出來。

第二個問題

哼唱選歌的計算量會隨著資料庫歌曲的提升而增加，雖然增加幅度是小於線性成長，但是若考慮全世界所有的歌曲（超過五億首，而且還在持續增加中），運算量會相當驚人。要對付這麼大量的計算，目前最流行的方法是**雲端運算**（cloud computing），讓為數眾多的CPU發揮螞蟻雄兵的功能來完成大量的比對。另一種方式則是採用**GPU**（圖形處理器）來進行大量的平行運算。經過測試，若要對付13,000首歌，從每一個音符起點開始比對，具有384核心的GPU只要花3秒的時間就可以完成8秒的哼唱比對，比一般的CPU快了將近20倍。

關於第一個困難點，你可能會問：人耳都聽得出來MP3音樂裡人聲的音高啊，為什麼電腦做不到？這是一個大哉問，我們還無法很明確地知道人腦如何做這件事，但我們明確地知道電腦這件事做不好。有一個世界知名的研討會International Society of Music Information Retrieval（國際音樂訊息檢索學會，簡稱ISMIR）每年都會舉辦各項音樂檢索評比，其中有一項是音訊音樂的**主旋律抽取**（audio melody extraction），雖然每年的效能都有增加，但目前的**原生音高準確度**（raw pitch accuracy）還不到85%，可見人耳和人腦在目前的確比電腦厲害很多。當然，電腦一直在進步，而人腦進步的幅度有限，「電腦耳」追上「人耳」可能只是時間的問題！

5-5 本章小結

　　由於電腦運算能力的突飛猛進以及內存容量的大幅增長，各種人工智慧的應用可說是日新月異。目前使用語音來進行和數位助理的對話，像是設定鬧鐘、預訂餐廳、查詢電影等，已經不是夢想，而使用哼唱的方式來找到想聽或想唱的歌，也不再遙不可及。我們可以預見，未來在音訊應用方面，人工智慧可以幫我們做的事情還有很多，例如：

醫療

　　在醫療方面，我們可以使用人工智慧來進行特定疾病診斷，可能用到的訊號包括：腦波（EEG）、心電圖（ECG）、肌電圖（EMG）、體溫、聽診器收音、呼吸強度、心跳強度等，都是類似音訊的時間序列。另外，也可以使用和病患的語音對話來偵測病患情緒、是否有憂鬱症、失智程度，或進行測謊等。

音訊事件

　　在**音訊事件**（audio events）的偵測方面，我們可以使用音訊來判斷相關事件，例如甩門、打架、咒罵、打破玻璃或杯子、撞擊聲、跌倒、呼救、嬰兒哭喊、緊急煞車、救護車鳴笛等，可用在安全預警及遠距照護上。

製造業

　　在製造業方面，我們可以偵測設備可能產生的異常聲音，並進而決定設備是否要進廠維修、橋樑是否要封閉等。

　　我們相信，未來的電腦能夠自動收聽新聞廣播或人與人之間的對話，並擷取相關資訊來進行分析，然後可以進行更高層次的心智互動，例如聊天打屁、互動教學、即席演講、編寫故事、自由辯論、吟詩作對、唱歌配樂、作詞作曲等，這些活動都牽涉到大量的音訊識別與合成，以及內部大量的資訊處理和資料結構，在電腦運算能力及演算法的持續進步下，這些夢想或許已經不遠了，且讓我們洗耳恭聽，拭目以待！

 動手操作看看吧！互動平台：**https://ai.foxconn.com/textbook/interactive**

CH **06**

字裡行間的秘密

自然語言處理

陳信希 國立臺灣大學資訊工程學系特聘教授

經歷：科技部人工智慧技術暨全幅健康照護
聯合研究中心主任

本 章 架 構

FOXCONN® Ai

2018 年 8 月，科技部四大 AI 創新研究中心聯手舉辦多場國高中教師的暑期研習營，在臺灣大學的人工智慧創新研究中心所舉辦的場次中，有六位老師合力發想出「平行時空之師」的主題，並且設計出腳本。在這一章，我們將以「平行時空之師」的概念，介紹人工智慧核心技術之一的**自然語言處理**（Natural Language Processing，簡稱 **NLP**）的基本概念和技術。

 # 6-1 平行時空之師

「平行時空之師」的腳本所設定的主角是一名叫做小明的八年級男學生，他上課很沉默，下課卻非常活潑，個性有點怕挫折。小明非常愛面子，怕被笑，所以上課即使有問題也不敢提問，這是他在學習上的癥結。

「問問題」是學習過程中重要的一環，但學生不敢問問題卻是個普遍的現象，他們可能因為愛面子、怕問錯問題、在乎同儕的看法、怕被笑等原因而不敢發問。我們希望人工智慧系統可以幫助學生能夠主動又有信心地提問，和同儕一起回答，而且能針對每一個問題都有幫助性的回饋。

「平行時空之師」是一個不記名的系統，學生可以利用輸入文字或輸入語音（講話）提問。當學生利用文字或語音輸入問題之後，會發生兩種情況，一種是系統上的其他人（老師或同學）做出回應，另一種是無人回應。在無人回應的狀況下，就由「平行時空之師」出來回答。平行時空之師會針對學生提出的問題做相關問題檢索，提供這個問題可能的答案。如圖 6-1 所示。

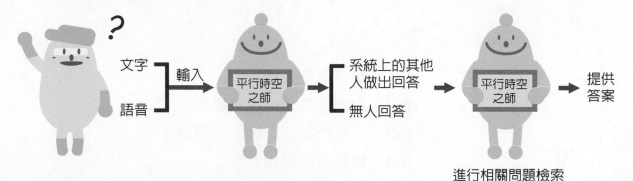

圖 6-1　平行時空之師系統示意圖

當有學生不想發問，只想當一個觀看者（也就是網路用語所謂的「潛水」），雖然他不發文，但是在觀看大家問什麼問題的同時，還是可以正向地支持同學所提出的問題，例如點「讚」或發出「愛心」，鼓勵那位同學提出問題。從這個系統，老師也可以看到學生提問的問題，加以確認答案的正確性，並補充加強其完整性。

　　平行時空之師的背後是一個自然語言處理系統，紀錄了過去學生曾經問過的問題、收到讚或愛心的次數，以及同學回應的答案和經過老師補充後的答案。系統經過長時間的使用後，累積了很多資料，形成一個問題－答案資料庫。隨著平行時空之師擁有的資料庫不斷成長，它的表現也就越來越厲害，不僅可以鼓勵學生問問題（因為發問的學生可能會收到讚或愛心，進而引發他的榮譽感和成就感），而且也可以協助教師課後輔導學生。

　　「平行時空之師」的關鍵在於如何經由龐大的問題－答案資料庫中，找尋過去是否有類似的問題被回答過。如果有，就以該問題的答案來回覆。當然，類似的問題可能有好幾個，這時候被點讚或發送愛心次數越多的問題－答案組合，就擁有較高的偏好程度，會被優先回覆給新的問題。

6-2　自然語言處理基本概念

　　學生所問的問題和所寫下的答案都是以人類語言表達出來，這裡的「自然語言」就是指人類語言，比方說，中文或英文。介紹平行時空之師如何製作之前，我們先談談系統背後的自然語言處理技術。

　　我們在寫一篇文章的時候，會有好幾個段落，每一個段落會由一些句子堆砌而成，而每一個句子再由詞彙組成。圖 6-2 是某一篇文章的第一段，若以句點作為句子的斷點，這個段落是由三個句子所組成。

人類語言是人和人互動，傳遞資訊很重要的媒介。電腦科學的研究，長久以來就把電腦是否具被人類語言處理能力，視為電腦是否具有人的智慧的重要指標之一。自然語言處理探討人類語言的分析與生成，終極目標是電腦與使用者直接以人的語言互動。

圖 6-2　詞彙、句子及段落的範例

斷詞處理

　　中文的句子是由中文字元所組成。和英文不同，句子中的詞彙之間並沒有空白隔開，因此，我們需要斷詞。**斷詞**——也就是決定詞彙的邊界——是中文語言處理系統基本運算之一。以圖 6-2 中的第一個句子「**人類語言是人和人之間互動，傳遞資訊很重要的媒介。**」為例，經過斷詞處理後可以得到斷詞後的句子：「**人類␣語言␣是␣人␣和␣人␣之間␣互動␣，␣傳遞␣資訊␣很␣重要␣的␣媒介␣。**」

同一個句子會因為不同的詮釋,而產生一個以上的斷詞結果。例如,「**日文章魚怎麼說？**」這個句子就有「**日文＿章魚＿怎麼＿說？**」與「**日＿文章＿魚＿怎麼＿說？**」兩種可能的斷法。除了詞彙斷法分歧之外,句子還會經常出現沒有列在辭典中的詞,尤其是人名、地名、譯名最為常見。例如「在夫子廟入口的地方,遍布我喜歡的小吃店。」這個句子,其中,「夫子廟」是指位於南京的孔廟。斷詞系統如果處理得不好,就會斷詞成「夫子」與「廟」兩個詞彙。

人類語言是活的,新的詞彙會不斷產生,特別是在社群媒體盛行的資訊時代,方言、俗語、外語、縮略語、諧音、表情符號等就經常使用於網路語言,辭典中沒有列入是很常見的現象。因此,未知詞的處理也是一個重要的議題。

中文斷詞系統的功能是由輸入的中文字串中找出詞彙邊界,再輸出詞彙字串。目前已經有多個中文斷詞系統可以整合到應用系統中,以線上版的中文斷詞系統為例,包括中央研究院的中文斷詞系統、史丹佛大學的 Stanford CoreNLP 等等,有興趣的讀者可以上網試試。

如果想要試試線上版的中文斷詞系統的話,可以連結:
中央研究院的中文斷詞系統:http://ckipsvr.iis.sinica.edu.tw/
史丹佛大學的自然語言軟體 Stanford CoreNLP:http://corenlp.run/

》》詞性標記

為了掌握詞彙的特性,通常會把特性類似的詞彙叢聚在一起,並給予相同的類別,稱為**詞性**(part of speech,簡稱 **POS**)。例如,名詞用來表示生活中的實體,比方說人、動物、事物等;動詞用來表示動作、狀態等;形容詞用來描述名詞的屬性;副詞修飾動詞和形容詞;介係詞呈現時間、空間、狀態等關係。而介係詞片語可以修飾名詞、動詞或子句,連接詞連接兩個詞彙、片語或子句。

句子「人類語言是人和人之間互動,傳遞資訊很重要的媒介。」經過中央研究院的中文斷詞系統標記詞性後,得到如圖 6-3 的結果。

人類(Na) 語言(Na) 是(SHI) 人(Na) 和(Caa) 人(Na) 之間(Ng) 互動(VA) ,(COMMACATEGORY)
傳遞(VD) 資訊(Na) 很(Dfa) 重要(VH) 的(DE) 媒介(Na) 。(PERIODCATEGORY)

圖 6-3　中文詞性標記範例

從圖 6-3 可以看到,這個範例中的每個詞彙後面都用括弧加上一個類別,這些類別來自於中研院平衡語料庫詞類標記集,表 6-1 列出其中幾項。不同的詞性標記工具(例如中央研究院和史丹佛大學),所提供的詞類標記集就不同。

表 6-1　中央研究院平衡語料庫詞類標記集

簡化標記	對應的詞類標記
Na	普通名詞
Ng	後置詞
VA	動作不及物動詞
VD	雙賓動詞
VH	狀態不及物動詞
Dfa	動詞前程度副詞
Caa	對等連接詞
(COMMONCATEGORY)	逗號
(PERIODCATEGORY)	句號

有些詞彙擁有一個以上的詞性,例如「打」有動作及物動詞(打毛衣)、量詞(一打毛巾)、介詞(您打那裡來?)等不同詞性。上下文是幫助解決詞性分歧的重要線索,舉例來說,量詞的前面接數詞,後面接名詞,因此,像「我要去買一打襪子」這樣的句子,就能判斷句中的「打」是量詞,而不是動詞或介詞。詞性標記系統的功能就是根據上下文將句子裡的每個詞彙標上一個詞性。

詞意消歧

詞意就是詞彙的意思。舉例來說,「關門」這個詞彙有「把門閉上」、「打烊」、和「停業」的意思。我們要如何得知當一個句子裡有「關門」這個詞的時候,它代表的是哪一種意思呢?詞意的產生來自於如何使用那個詞彙,要了解某個詞彙的意思,關鍵是伴隨該詞彙出現的其他詞彙。例如,「距離五點郵局關門只剩十分鐘了。」和「近年來有不少二輪戲院都紛紛宣布關門。」這兩個句子,我們很容易由上下文判斷出第一句中的關門是打烊的意思,而第二句中的關門則是指停業。詞意消歧系統就是辨識句子裡每個詞的詞意,線索來自於上下文。

圖 6-4 列出「打烊」和「停業」的對照範例。我們可以感覺到語言使用上的差異，至於電腦如何運用這些線索進行語意選擇，就不在本書討論的範疇了。

現在白天那麼長，商店為什麼打烊那麼早？
買一送一的活動好熱烈，10 點半打烊時，還有很多人排隊。
我們來得太晚，這家店已打烊了。
大直影城員工已收到停業訊息，但影城卻遲遲未公布停止。
公司漏開發票竟然被停業！
國內知名蛋糕店今日傳出即將在一周內停業的消息。

◈圖 6-4 「打烊」和「停業」上下文範例

>>> 語法剖析

以上所談的斷詞、詞性和詞意都環繞在詞彙這個層次。在自然語言處理上，我們也想進一步知道哪些詞彙可以組合在一起，也就是形成一個**成分**（constituent），例如名詞片語和動詞片語大多是由哪幾個詞彙所構成。同時，我們也想知道這些成分之間的關係，例如：介系詞片語修飾子句、形容詞描述名詞的屬性等等。

剖析系統是一種分析句子結構的軟體，用來分析輸入的句子，所產生的輸出會是一棵**剖析樹**（parse tree），呈現成分組成和結構關係。

圖 6-5 是以中央研究院的剖析軟體分析句子「在夫子廟入口的地方，遍布我喜歡的小吃店。」所得到的剖析樹。「夫子廟」、「夫子廟入口」、「夫子廟入口的地方」、「我喜歡的小吃店」都是名詞片語（NP）；「在夫子廟入口的地方」是個介系詞片語（PP）；「遍布我喜歡的小吃店」是個子句（S）。介系詞片語修飾子句，整合為一個句子。

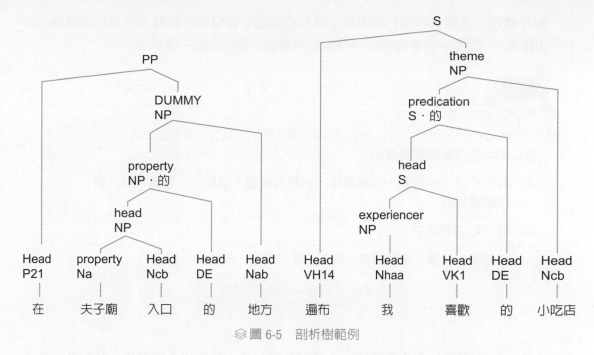

◈ 圖 6-5 剖析樹範例

　　有別於上面所提的樹狀剖析樹，一些應用只需要知道句子中詞彙和詞彙之間的關係即可，因此簡化版的 **相依剖析**（dependency parsing）軟體就被提出來。圖 6-6 是句子「我喜歡小吃店。」以 Stanford CoreNLP 進行相依剖析的結果。詞彙和詞彙之間以有向的箭號鏈結，箭號上面標示兩個詞彙的相依關係。例如，「我」和「喜歡」這兩個詞彙之間標記了 nsubj（此為 noun subject 的簡寫，表示名詞主詞關係），代表「我」是「喜歡」的名詞主詞；「小吃店」和「喜歡」之間標記了 dobj（此為 direct object 的簡寫，表示直接受詞關係），代表「小吃店」是「喜歡」的直接受詞。

◈ 圖 6-6 相依剖析範例

6-3 「平行時空之師」的實現

　　小明正在準備自然科段考，他從全國中小學題庫網找到歷年考題，其中有一題提到「傳統釀造醬油的原料是花生及小米」，小明不確定答案是否正確，他也想知道如果不是花生和小米的話，那麼釀造醬油的原料到底是什麼？因此他打開「平行時空之師」，輸入「釀造醬油的原料」。

假設問題－答案資料庫已經收錄了同學們問過有關醬油的問題，也都已經獲得解答了。如圖 6-7，問題－答案資料庫中有兩則與醬油有關的問題－答案。

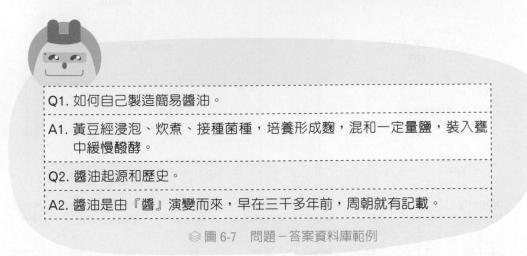

Q1. 如何自己製造簡易醬油。

A1. 黃豆經浸泡、炊煮、接種菌種，培養形成麴，混和一定量鹽，裝入甕中緩慢醱酵。

Q2. 醬油起源和歷史。

A2. 醬油是由『醬』演變而來，早在三千多年前，周朝就有記載。

◈ 圖 6-7　問題－答案資料庫範例

直觀上，我們可以拿小明所輸入的問句和資料庫中所收錄的問題逐一比對，計算兩個句子之間的相似程度，找出最相似的問題－答案配對，然後將對應的答案輸出，提供給小明參考。上述程序牽涉到兩個議題，一是問句與問題如何表示，二是這兩個表示如何比較和評分。這個檢索架構如圖 6-8 所示。

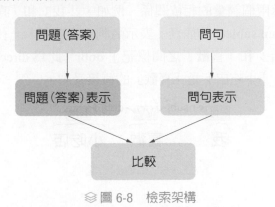

◈ 圖 6-8　檢索架構

對於第一個議題：問句與問題如何表示？在 6-2 節提過的自然語言處理技術此時可以運用進來。我們以圖 6-9 說明三種運用自然語言處理技術的模式：

(a) 僅經過斷詞系統；

(b) 先經過斷詞處理，接著進行詞性標記；

(c) 依序完成斷詞、詞性標記、相依剖析三個步驟。

　　第一種模式，將問句（問題）先做斷詞處理，所找到的詞彙並不經過篩選，也就是經過圖 6-9(a) 的步驟，擷取出的關鍵詞構成問句（問題）**詞袋**（bag of words），這會在稍後的內容談到。第二種做法是，經過斷詞處理之後，進行詞彙標記，只保留某些詞性的詞彙，例如只保留名詞和動詞，構成問句（問題）詞袋，如圖 6-9(b) 的步驟。如果更進一步對問句和問題進行相依剖析，就是如圖 6-9(c) 的步驟。

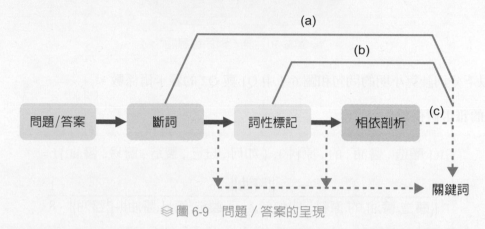

⬧圖 6-9　問題／答案的呈現

　　我們知道問句與問題如何表示之後，接著要談圖 6-8 檢索架構的第二個議題：兩個表示如何比較和評分。

　　定義兩個句子的相似度有很多種方法，這和表示方式有緊密的關聯性。假設以詞袋來表示問句（問題），我們接下來以**雅卡爾係數**（Jaccard coefficient）為例，計算兩個詞袋之間的相似度，公式如下：

$$J = (A, B) = \frac{|A \cap B|}{|A \cup B|} = \frac{|A \cap B|}{|A| + |B| - |A \cap B|}$$

　　其中，A 和 B 分別對應兩個句子的詞袋，|A| 和 |B| 是 A 袋和 B 袋中所裝的詞彙個數，|A ∩ B| 是兩個袋子共同的詞彙數。

　　圖 6-10 說明雅卡爾係數的意涵，綠色的 |A ∩ B| 區域佔黃色＋綠色＋橘色區域的比例越高，表示 A 和 B 越接近。雅卡爾係數是介於 0 和 1 之間的實數，最極端的兩個情況是：

　⬤ A 和 B 完全交疊，A=B，則 J(A,B)=1
　⬤ A 和 B 完全未交疊，A ∩ B=Φ，則 J(A,B)=0。

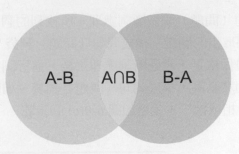

以下分別計算小明的問句和圖 6-7 中 Q1 與 Q2 的雅卡爾係數。

◗ Q1 的雅卡爾係數：

$$J(\{ 釀造 , 醬油 , 的 , 原料 \}, \{ 如何 , 自己 , 製造 , 簡易 , 醬油 \}) = \frac{|\{醬油\}|}{|\{釀造,醬油,的,原料\}| + |\{如何,自己,製造,簡易,醬油\}| - |\{醬油\}|} = \frac{1}{8}$$

◗ Q2 的雅卡爾係數：

$$J(\{ 釀造 , 醬油 , 的 , 原料 \}, \{ 醬油 , 起源 , 和 , 歷史 \}) = \frac{|\{醬油\}|}{|\{釀造,醬油,的,原料\}| + |\{醬油,起源,和,歷史\}| - |\{醬油\}|} = \frac{1}{7}$$

根據以上兩式計算出來的雅卡爾係數，Q2 的雅卡爾係數大於 Q1 的雅卡爾係數，因此，Q2 比 Q1 更接近小明的問句。

若是依人們的解釋，會認為 Q1 比 Q2 接近。因為「釀造」和「製造」的詞意很接近，但是由兩個詞彙的組成字串卻無法知道。如果把這兩個詞彙視為同義詞，重新計算 Q1 的雅卡爾係數，就得到不同的結果：

$$J(\{ 釀造 , 醬油 , 的 , 原料 \}, \{ 如何 , 自己 , 製造 , 簡易 , 醬油 \}) = \frac{|\{釀造,醬油\}|}{|\{釀造,醬油,的,原料\}| + |\{如何,自己,釀造,簡易,醬油\}| - |\{釀造,醬油\}|} = \frac{2}{7}$$

這次，Q1 的雅卡爾係數大於 Q2 的雅卡爾係數，所以系統會輸出 Q1 的答案。

詞彙的相似程度計算在自然語言處理中很重要，我們將在 6-5 節討論這個議題。

以 Stanford CoreNLP 檢視小明的問句以及 Q1 和 Q2 這兩個問題的意思，結果如圖 6-11 所示。在「釀造醬油的原料」對應的相依剖析結果中，以標記 acl（adjectival clause 的簡寫，表形容詞子句）鏈結子句「釀造醬油」與其所修飾的名詞「原料」。其中，「釀造」是動詞（VV），「醬油」是名詞，也是「釀造」的直接受詞。

接著，以相依剖析來分析 Q1，「製造」是動詞（VV），其主詞是「自己」，以 nsubj 相連，而其直接受詞是「醬油」，以 dobj 相連。「如何」是副詞（AD），修飾動詞「製造」。「簡易」是名詞（NN），和「醬油」（NN）形成複合名詞（compound noun）。

小明問的是釀造醬油過程所需要的「原料」，Q1 談的是製造簡易醬油的方法，隱含著原料是醬油製造過程中所使用的材料。Q2 的核心是「醬油起源」和「醬油歷史」，明顯地和「原料」不同。因此，Q1 比 Q2 更接近小明的問題。

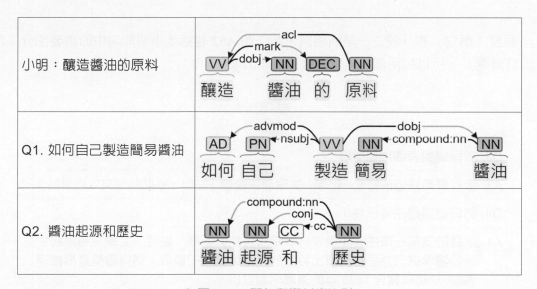

◈圖 6-11　問句和資料庫比對

小明除了自然科問題外，也對社會科的一些內容有疑問，他想知道「誰創立諾貝爾獎」。他同樣詢問了平行時空之師。這次，小明的問句和問題－答案資料庫中的 Q3、Q4、Q5 相似度差異不大，都提到「諾貝爾」這三個字（參考圖 6-12）。我們想知道問題－答案配對的答案部分有沒有可能提供這方面的線索，於是就分別計算小明的問句和 A3、A4、A5 三個問題的雅卡爾係數：

A3 的雅卡爾係數＝ $J(\{$ 誰 , 創立 , 諾貝爾獎 $\}, A3)$

A4 的雅卡爾係數＝ $J(\{$ 誰 , 創立 , 諾貝爾獎 $\}, A4)$

A5 的雅卡爾係數＝ $J(\{$ 誰 , 創立 , 諾貝爾獎 $\}, A5)$

但我們發現，A3、A4、A5 分別包括 1 個、2 個、2 個句子，以雅卡爾係數的公式來看，在分子相同的情況下，越長的句子（即分母越大）會得到越小的雅卡爾係數，這對較長的答案不公平。

因此，我們進一步修改計算方式，將問題－答案配對的答案部分以句子為單位分割。也就是說，圖 6-12 中的 A4 和 A5 在圖 6-13 中分別被拆成 A41、A42 與 A51、A52。以拆解後的答案重新計算雅卡爾係數：

A41 的雅卡爾係數 $= J(\{$ 誰 , 創立 , 諾貝爾獎 $\}, A41)$

A42 的雅卡爾係數 $= J(\{$ 誰 , 創立 , 諾貝爾獎 $\}, A42)$

A51 的雅卡爾係數 $= J(\{$ 誰 , 創立 , 諾貝爾獎 $\}, A51)$

A52 的雅卡爾係數 $= J(\{$ 誰 , 創立 , 諾貝爾獎 $\}, A52)$

假設「創立」和「設立」是同義詞，A42 和 A52 包括了小明問句中的重要部分「創立諾貝爾獎」，所以這兩個句子有機會被推薦出來。

| Q3. 諾貝爾獎有哪幾個獎項？ |
| A3. 諾貝爾獎共分成物理、化學、生理學或醫學、文學、和平與經濟六個獎項。 |
| Q4. 諾貝爾獎是由誰頒發？ |
| A4. 諾貝爾獎是一項由瑞典皇家科學院頒發給對化學、物理、文學、和平和生理及醫學這五方面有著傑出貢獻的人士或組織的獎項。諾貝爾獎是根據阿佛烈 · 諾貝爾在 1895 年的遺囑而設立的。 |
| Q5. 阿佛烈 · 伯恩哈德 · 諾貝爾是誰？ |
| A5. 阿佛烈 · 伯恩哈德 · 諾貝爾是瑞典化學家、工程師、發明家、軍工裝備製造商和矽藻土炸藥的發明者。在他的遺囑中，他利用他的巨大財富創立了諾貝爾獎。 |

◈ 圖 6-12 問題－答案資料庫

A3. 諾貝爾獎共分成物理、化學、生理學或醫學、文學、和平與經濟六個獎項。
A41. 諾貝爾獎是一項由瑞典皇家科學院頒發給對化學、物理、文學、和平和生理及醫學這五方面有著傑出貢獻的人士或組織的獎項。
A42. 諾貝爾獎是根據阿佛烈 ‧ 諾貝爾在 1895 年的遺囑而設立。
A51. 阿佛烈 ‧ 伯恩哈德 ‧ 諾貝爾是瑞典化學家、工程師、發明家、軍工裝備製造商和矽藻土炸藥的發明者。
A52. 在他的遺囑中，他利用他的巨大財富創立了諾貝爾獎。

◈ 圖 6-13　以句子為單位的答案

最後，我們以 Stanford CoreNLP 檢視小明的問句以及 A421 和 A52 這兩個答案的意思，並進行相依剖析，結果如圖 6-14。

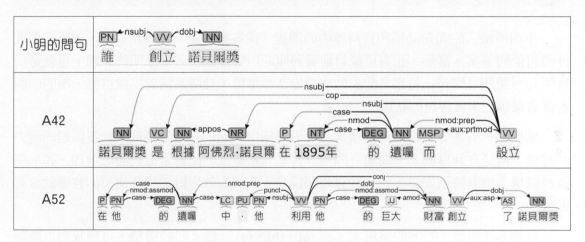

◈ 圖 6-14　問句和答案的相依剖析

問句、A42、A52 的相依剖析結果摘要如下：

● 小明的問句：「誰」← nsubj －「創立」－ dobj →「諾貝爾獎」

● A42：「諾貝爾獎」← nsubj －「設立」－ nsubj →「阿佛烈 ‧ 諾貝爾」

● A52：「他」← nsubj －「利用」－ dobj →「財富」

　　　「他」← nsubj －「創立」－ dobj →「諾貝爾獎」

如果忽略 nsubj 和 dobj 這兩個標籤，僅看詞彙之間的連接關係，可以得到以下結果：

- ● 小明的問句：「誰」←「創立」→「諾貝爾獎」
- ● A42：「諾貝爾獎」←「設立」→「阿佛烈 · 諾貝爾」
- ● A52：「他」←「利用」→「財富」

　　　　「他」←「創立」→「諾貝爾獎」

　　很明顯地，平行時空之師背後的自然語言處理系統已經從複雜的句子中擷取出最關鍵的片段，有機會更準確地計算小明的問句和答案之間的相似度。如何在這種**路徑**（path）呈現方式下計算相似度，我們在此就不深入討論。

　　雖然 A52 提供創立諾貝爾獎的主詞「他」，但是必須要由上下文才能知道「他」就是指「阿佛烈 · 伯恩哈德 · 諾貝爾」。這種運算在自然語言處理中稱為**代名詞消解**（pronoun resolution）。有關代名詞消解如何進行，有興趣的讀者可自行參考這方面的書籍。

6-4　資料庫規模和效率

　　小明所輸入的問句必須和資料庫中的問題（或答案）逐一計算相似度，依照相似度推薦可能的答案。當然，也有可能目前資料庫的內容都無法回答小明的問題，也就是所有問句－問題（問句－答案）配對的相似度都非常低，此時系統就不做推薦，小明的問題就會保留在未被答覆的狀態。

　　當問題－答案資料庫的規模增大後，資料庫中問題的覆蓋度提高，回答問題的能力就越強，但是在計算問句－問題（問句－答案）相似度的配對筆數也隨之增加。如果在資料結構上沒有特別安排，一旦計算時間拉長，系統的效率對於小明使用的意願就會有影響。

　　在圖 6-9 問題／答案的呈現上，有 (a)、(b)、(c) 三種不同的選項。這裡我們以斷詞後的結果來表示問題／答案，而不經由詞性和相依剖析進行過濾。我們採用**倒置列表**（inverted list）方法，記錄關鍵詞出現在哪些問題／答案中。圖 6-15 列出的是一部分的倒置列表，圖中左邊的表格是**雜湊表**（hash table），這是一種常用的資料結構，把詞彙對應到表中的某個位置。該位置除了存放詞彙以外，也記錄了一個鏈結串列的起點。這個鏈結串列的每個節點，記錄該詞彙出現在哪個問題（或答案），例如，「諾貝爾獎」這個詞在 5 個地方出現，包括 Q3、A3、Q4、A4 和 A5。

　　當小明提出一個問句，平行時空之師就會依圖 6-9 的問題／答案關鍵詞擷取流程，找出最合適的一組關鍵詞。我們可透過雜湊表的對應，收集這些關鍵詞出現在哪些問題／答案，再運用雅卡爾係數計算出問句和問題（答案）的相關程度。

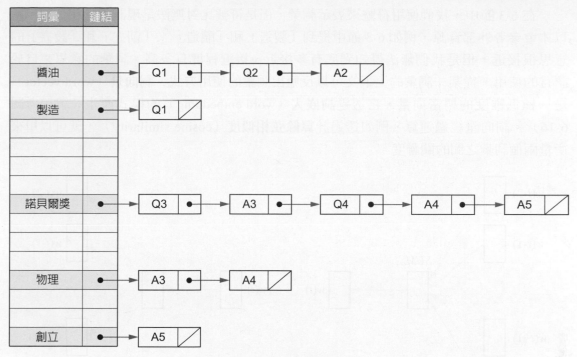

⊗ 圖 6-15　倒置列表範例

6-5　以深度學習實現「平行時空之師」

　　總結本章前幾節的描述,平行時空之師系統所管理的是輸入的問句及其背後的問題－答案資料庫。為了方便比較問句－問題或問句－答案的相似度,系統會將問句、問題、答案轉換成某種表示式,並在該種表示式下提出一種比較的方法來計算相似度。6-3節所提的基本表示式是詞袋,計算相似度是採用雅卡爾係數。

　　在人工智慧的領域中,還有許多不同的表示式及計算相似度的方法。本章僅先以簡單的模型介紹基本概念,若讀者對這些內容有興趣的話,可以另外搜尋相關資料,再深入學習更多這方面的知識。

　　鑑於深度學習技術廣泛受到重視,本章最後一節將探討如何使用深度學習技術產生表示式,並進行比較。同時,在第三章學到的卷積運算、神經網路、卷積層、全鏈接層、非線性激活層、池化層等概念,對於這一節的理解會很有幫助。若對運用深度學習技術處理自然語言的主題有興趣的話,可以另外參考 Yoav Goldberg 在 2017 年出版的《*Neural Network Methods for Natural Language Processing*》一書。

在 6-3 節中,我們使用符號來表示詞彙,但是符號比對無法呈現詞彙的相似度,所以才會參考外部資源,例如 6-3 節中提到「製造」和「釀造」、「創立」和「設立」的意思很接近,但是我們無法得知到底有多接近、接近程度有多高。詞彙的意思來自於語言的使用,從某一詞彙的上下文可以反應出詞彙的使用方式。**詞向量**(word vector)是一種低維度的稠密向量,它透過**詞嵌入**(word embedding)的模式產生(請參考圖 6-16)。詞向量經過運算,例如透過計算**餘弦相似度**(cosine similarity),就可以用來衡量兩個詞彙之間的關聯度。

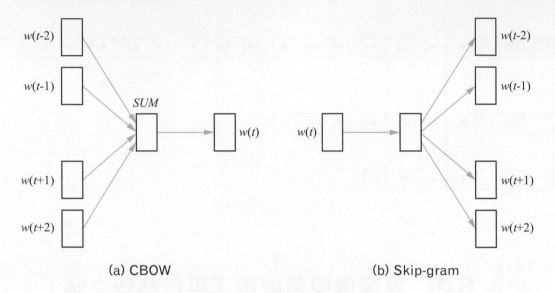

(a) CBOW (b) Skip-gram

◈圖 6-16 詞向量的建立(資料來源:Mikolov et al., 2013)

NOTE

詞向量就是每個詞都用一個向量來表示(vector representation),如此一來,我們便能把一段由數個詞組成的句子轉換成一個個的詞向量來表示,再把這些數值化的資料送到模型裡面做後續應用。

　　如同詞向量可表示一個詞彙,句子也可以用句子向量來表示。如圖 6-17,這是以卷積神經網路產生句子向量,適用於前面提到的問句、問題及答案的表示。以「諾貝爾獎是根據阿佛烈 · 諾貝爾在 1895 年的遺囑而設立」這個句子為例,首先,句中的每個詞都對應到一個詞向量,一般來說,其維度是 300 維。接著,以不同尺寸的過濾器進行卷積運算,紅色是**單詞組**(word unigram)、黃色是**雙連詞組**(word bigram)、藍色是三**連詞組**(word trigram),就會形成不同大小的**特徵圖**(feature map)。其中,單詞組是指單一詞彙自成一個組合,雙連詞組是指相鄰兩個詞彙形成的組合,三連詞組是指相鄰三個詞彙形成的組合。

　　圖 6-17 中的「諾貝爾獎」、「根據 ⌴ 阿佛列•諾貝爾」以及「1895 年 ⌴ 的 ⌴ 遺囑」就分別對應一個單詞組、一個雙連詞組和一個三連詞組。最後，透過我們在第三章提過的 **最大池化**（max pooling），由特徵圖中的單詞組、雙連詞組及三連詞組各選取一組，將之串聯在一起，彙整為 **句子表示**（sentence representation），形成一個低維度的稠密向量。

由於字（character）是書寫時的最小單位，所以除了詞向量和句子向量以外，也有字向量喔！

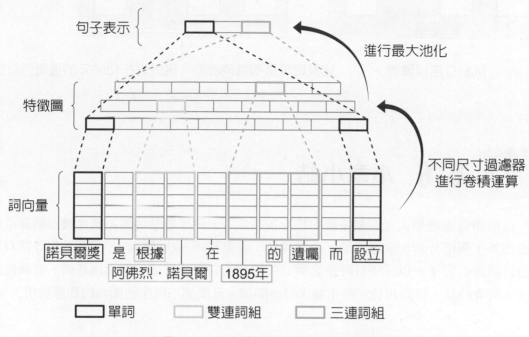

◈ 圖 6-17　以卷積神經網路產生句子向量

　　圖 6-18 是問答系統答案選擇模型，可以看成是以深度學習實作圖 6-8 的檢索架構。輸入「誰創立諾貝爾獎」和「諾貝爾獎事根據阿佛列 • 諾貝爾在 1895 年的遺囑而設立」兩個句子，左邊是問句，右邊是答案，問句和答案分別進入對應的嵌入層和編碼層。句子會先進入嵌入層，取得句子中所有詞彙的詞向量。接著，透過編碼層產生句子表示。我們可以用圖 6-17 的架構來製作這裡的嵌入層和編碼層。最後，句子被投射到同一向量空間，就可以在比較層進行相關分數的計算，餘弦相似度是常用的方法之一，分數大小會決定問句和答案的相關程度。每個候選答案都採用類似的流程，計算和問句的相關程度，作為答案推薦順序的依據。這個問答系統答案選擇模型的功能，可以替換 6-3 節提到的詞袋表示法和雅卡爾係數相似度計算。

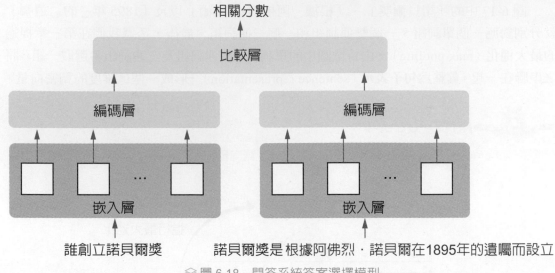

相關分數

比較層

編碼層　　　　　　　　　　　　　　編碼層

嵌入層　　　　　　　　　　　　　　嵌入層

誰創立諾貝爾獎　　　　諾貝爾獎是 根據阿佛烈‧諾貝爾在1895年的遺囑而設立

◈圖 6-18　問答系統答案選擇模型

 6-6　本章小結

　　自然語言處理是人工智慧系統的核心技術之一，除了智慧問答系統、機器翻譯系統等應用外，興情分析、病歷探勘、金融科技、健康照護、法律諮詢、烹飪教學等都有自然語言處理的影子。以「平行時空之師」所學到的自然語言處理概念為基礎，有興趣的再深入研究的話，可以再找一些相關素材來閱讀，延展到不同生活面向的智慧應用。

動手操作看看吧！互動平台：https://ai.foxconn.com/textbook/interactive

CH **07**

發現潛規則

知識發現

曾新穆 國立交通大學資訊工程學系特聘教授
經歷：國立交通大學數據科學與工程研究所
所長

本 章 架 構

FOXCONN Ai

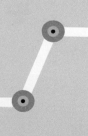

你是否曾在網路商店買過東西呢？譬如說，你想要選購一本《哈利波特》，於是連上全球最大的網路零售商亞馬遜的網站瀏覽《哈利波特》的書籍簡介，同時，你發現在同一個網頁上出現了「瀏覽此商品的人，也瀏覽⋯」以及「買了此商品的人，也買了⋯」的訊息，並接著列出幾本書，例如《魔戒》、《怪獸與牠們的產地》、⋯⋯等等。將《哈利波特》放進購物車以後，你對同個頁面列出的推薦商品《魔戒》也有興趣，就點進去看《魔戒》的簡介，看完之後也把它加入購物車裡（如圖 7-1）。

圖 7-1　有許多網路商店會在顧客選購商品時推薦其他商品

　　再例如，你在串流影片服務商 Netflix（網飛）的網站上訂閱了《移動迷宮》這部影片之後，隔天就收到了 Netflix 發送的簡訊，向你推薦《惡靈古堡》，當你點閱了《惡靈古堡》的簡介與精彩片段之後，發現它的劇情和角色正是你喜歡的類型，就接受 Netflix 的推薦而租看這部影片了。

　　但是，亞馬遜和 Netflix 是怎麼知道你的喜好呢？

　　以上面的情境而言，亞馬遜和 Netflix 是藉由它們所擁有的大量顧客瀏覽紀錄與購買紀錄進行知識挖掘，來發現和該顧客有關的喜好及行為特徵等（對亞馬遜和 Netflix 來說，這些都是有用的知識），並將其運用於商品推薦上。

　　知識發現（knowledge discovery）就是從大量資料中，找出過去未知且潛在的有用知識，並善用這些知識，便能在各領域實現各種智慧性的應用。因此，知識發現與人工智慧有著密不可分的關係。

知識發現牽涉的技術相當多，本章將介紹目前最廣為人知且應用最廣泛的四類主要技術：關聯規則探勘（Association Rule Mining）、序列樣式探勘（Sequential Pattern Mining）、分類模型（classification modeling）以及聚類（clustering）。接下來，我們將一一說明這幾種技術的概念以及有趣的相關應用。

7-1 知識發現流程

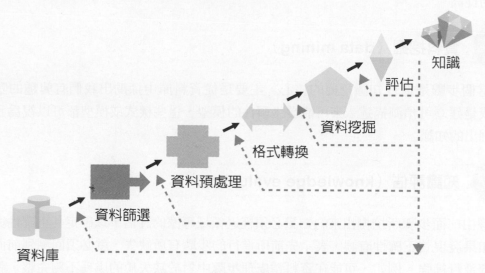

◈圖 7-2　知識發現與挖掘流程圖

知識發現與挖掘的過程，如圖 7-2 所示，其中，資料庫是以一定的結構方式將各種資料儲存在一起的電子化檔案櫃，例如亞馬遜用來儲存其所有書籍、客戶以及購買交易紀錄等資料之電子化檔案櫃就是一個資料庫。知識發現與挖掘的過程包含以下的流程步驟：

1 資料篩選（data selection）

對於要挖掘出有用知識的資料可能是由多個資料庫組成，而這些資料庫中的資料可能是雜亂而散置的，因此一開始必須將各個資料庫整理成一致格式，接著從中篩選出與分析目標相關的資料（例如顧客的交易紀錄等），亦即挑選出聚焦的資料。

2 資料預處理（data preprocessing）

這個步驟是針對步驟 1 挑選出來的資料進行初步的檢驗及必要的處理，以確保其正確性及完整性。資料中如果包含**資料缺失值**（missing value）、**雜訊**（noise）及一些不**完整資料**（incomplete data）時，必須先做處理，如此才能確保最後挖掘出來的知識是正確且有意義的。

正如電腦科學領域中一句有名的諺語「Garbage in, garbage out.（垃圾進，垃圾出）」，如果把錯誤或無意義的資料輸入系統，那麼系統輸出的也會是錯誤或無意義的結果，因此，經由資料預處理來確保資料的品質是非常重要的一個步驟。

③ 資料轉換（data transformation）

因為要對不同類型的資料集進行不同的探索，而且現今的資料集可能都相當大，所以必須將資料轉換成適合接下來資料挖掘演算法處理的格式，如此也會有助於分析處理效率的提高。

④ 資料挖掘（data mining）

這個步驟是進行知識挖掘的核心，主要是從資料庫中探勘出我們有興趣的隱藏樣式，或是建立可預測描述未來可能發生事件的模型，這些樣式或模型都可以視為我們所要挖掘出的知識。

⑤ 知識評估（knowledge evaluation）

經由前面步驟所挖掘出來的知識必須經過領域專家的評估，以確定其正確性與可用性。如果發現其正確性有誤，表示先前所進行的步驟有所缺失，就必須回溯到前面相關的步驟進行補強。例如，可能在資料預處理步驟中對於缺失值的處理不夠完整，就必須如圖 7-2 中的虛線所示，回到有缺失的步驟重新處理。或者，如果所建立出的預測模型之準確度不夠高的話，表示先前所採用的資料挖掘演算法不夠強健，就必須回到該步驟改變演算法。像這樣，把知識重複進行評估程序，直到通過領域專家的鑑定後，我們所挖掘出的就是如鑽石般發亮珍貴有用的知識了！

7-2 關聯規則與序列樣式

≫ 關聯規則探勘

關聯規則（association rules）探勘可用來找出資料庫中頻繁出現的項目組合，也就是具相關性的項目。舉例來說，一家美國的大型連鎖超市分析顧客的購買行為後發現，每逢星期五晚上，如果顧客購買尿布，經常也會同時購買啤酒。因為這些顧客是年輕的爸爸，在星期五下班之後會到超市幫家裡的小嬰兒買尿布，也會順便買啤酒，以便在週末看球賽時喝。這家超市挖掘出這個現象以後，便將一些商品和啤酒、尿布一起搭售，而獲得更高的收益。

假設項目 A 是資料庫中某事件（例如一筆交易）的項目之一，若項目 B 出現在該事件中的機率爲 P，且 A 和 B 同時發生在資料庫的頻率超過某一門檻值，則「A → B 爲一條關聯規則」。以 DVD 出租店爲例，假設表 7-1 是這家店的顧客租片資料，我們可以觀察到，所有租借《哈利波特》這部 DVD 的交易紀錄（即編號第 1、6、8 筆）中也都有《魔戒》，所以我們可以知道，當顧客租《哈利波特》時也會同時租《魔戒》，這就是一條關聯規則，我們可以把它記爲「哈利波特 → 魔戒」。有了這樣的規則，便可以應用在推薦系統上，例如，我們根據「哈利波特 → 魔戒」這條關聯規則，就可以推薦所有租看《哈利波特》的人也租看《魔戒》。

表 7-1　DVD 出租紀錄

紀錄編號	出租紀錄
1	移動迷宮、哈利波特、魔戒、鋼鐵人、美國隊長
2	異形、終極戰士、惡靈古堡、與神同行、飢餓遊戲
3	X 戰警、蜘蛛人、復仇者聯盟、蟻人、玩命關頭、變形金剛
4	移動迷宮、魔戒、美國隊長、X 戰警、蜘蛛人、不可能的任務
5	異形、惡靈古堡、飢餓遊戲、復仇者聯盟、蟻人
6	哈利波特、魔戒、鋼鐵人、玩命關頭、變形金剛
7	終極戰士、與神同行、飢餓遊戲、X 戰警、蜘蛛人、復仇者聯盟
8	哈利波特、魔戒、美國隊長、蟻人、玩命關頭、變形金剛

但是，如何評估關聯規則的關聯度有多強，則是我們要思考的另外一個要點。根據關聯規則的定義，關聯規則的關聯度是採取一個名爲**信賴度**（confidence）的評估方式來表現，它的計算方式是：

$$信賴度 = \frac{規則中前項與後項共同出現的次數}{前項出現的次數}$$

舉例來說，「哈利波特 → 魔戒」這條規則的前項爲《哈利波特》、後項爲《魔戒》，前項與後項共同出現在第 1、6、8 筆資料中，所以共同出現次數爲 3，而前項出現的資料也是第 1、6、8 筆，次數也爲 3，因此，「哈利波特 → 魔戒」這條規則的信賴度爲 3/3 = 100%。這裡必須注意到，當前後項互換時，信賴度會不同，例如，當關聯規則變成「魔戒 → 哈利波特」，即前項爲《魔戒》、後項爲《哈利波特》時，《魔戒》是出現在第 1、4、6、8 等共 4 筆資料中，因此「魔戒 → 哈利波特」這條規則的信賴度是 3/4 = 75%。根據這個結果，我們可以利用**最小信賴度**（minimum confidence）作爲門檻值，來篩選出在資料中可能存在的關聯規則。

根據上述範例，當我們把最小信賴度設定為 80% 時，「哈利波特 → 魔戒」這條規則的信賴度是 100%，高於 80%，於是它就會被探勘出來；相反地，由於「魔戒 → 哈利波特」這條規則的信賴度是 75%，低於 80%，就不會被探勘出來。

然而，如果只是單純地觀察是否有共同出現的資料，似乎會落入小概率事件的盲點。所謂小概率事件，就是有些事情的發生機率非常低，而恰巧這些事情發生的時候伴隨著某件事情，我們就會以為兩者相關聯。像古人觀察到彗星經過時剛好出現旱災，就認定一旦彗星出現勢必會有天災，是不祥之物，還給了它掃把星、妖星等稱呼。但事實上，彗星與旱災兩者之間是沒有關係的，只是恰巧同時發生罷了。

舉例來說，我們在表 7-1 的第 4 筆資料中觀察到《不可能的任務》這部 DVD，我們或許會得到一個可能有偏差的結論，就是當有人租《不可能的任務》這部 DVD 時，必然會租《移動迷宮、魔戒、美國隊長、X 戰警、蜘蛛人》這些片。因此，關聯規則的代表性強度是另一個我們需要關心的重點。評估關聯規則的代表性強度是用一種名為**支持度（support）**的評估方式來表現，其計算方式是用前項與後項共同出現的次數在整個資料庫中所佔的比例來代表，例如，「哈利波特 → 魔戒」這條規則的前項與後項共同出現在第 1、6、8 筆資料中，所以出現次數（筆數）為 3，而整個資料庫總共有 8 筆資料，故支持度為 3/8 = 37.5%。

據此，我們在探勘關聯規則時，會先設置一個**最小支持度（minimum support）**的門檻值，並且先利用這個門檻值過濾出支持度夠高的項目集合。例如，如果我們將最小支持度設定為 30%，那麼，{ 哈利波特，魔戒 } 這個項目集合就必須滿足這個最小支持度的要求，由這個項目集合所能組合出來的關聯規則「哈利波特 → 魔戒」或「魔戒 → 哈利波特」就是支持度夠高的。這裡必須注意一點，關聯規則不僅是要支持度高於最小支持度，也要信賴度高於最小信賴度，所以，一般而言，探勘關聯規則的方法是先用最小支持度過濾出所有支持度夠高的項目集合，再利用這些項目集合組合出信賴度高於最小信賴度的關聯規則。

♀ 頻繁項目集計算的挑戰

從前面描述的內容，我們可以知道，挖掘關聯規則的過程分為兩個步驟：

1 找到所有支持度夠高的頻繁項目集。

2 利用這些頻繁項目集來生成信賴度夠高的關聯規則。

當給定一個資料集來挖掘關聯規則時，重點會放在找出頻繁項目集；一個簡單的做法是使用**窮舉法**（method of exhaustion）將所有項目的組合列出，再從資料庫中去計算它們各別的支持度。我們用一個簡單的例子說明組合的概念。小明想要吃水果，桌上有蘋果、香蕉和葡萄三樣水果，小明可以只吃一樣、兩樣或三樣都吃，假設小明會吃完一樣以後才吃另外一樣，而且不管吃的順序，請問小明會有幾種吃法呢？圖 7-3 是小明可能的吃法，總共有 7 種組合。當給定 n 種項目時，其可能的組合數量為 **2^n-1** 種（若不考慮排列次序的話）。當 n 值較大時（像大型超市的商品項目可能高達上萬種），則組合數將是極為龐大的天文數字（可能高達 2^{10000}-1）。但如此龐大的組合資訊無法置入電腦中來進行計算，這也是從大量資料中挖掘出有用知識的典型挑戰之一，因此必須運用較為巧妙的演算法，例如著名的**先驗演算法**（Apriori Algorithms）和 FP-growth 演算法等方法，來達成有效的資料探勘，有興趣的讀者可另外找資料研讀，本書就不再贅述。

窮舉法（method of exhaustion）就是將問題所有可能的答案全部列出，再一一判定或驗證是否為該題的答案。若其中一個答案符合這個題目的所有條件，那麼就是這題的答案。如果驗證到最後沒有任何答案符合，則該題無解。

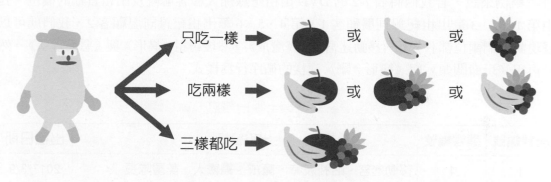

◈圖 7-3　小明吃三樣水果的組合

關聯規則有許多應用，包括：

 購買分析

 疾病分析

 製造分析

由大量的顧客購買記錄中分析顧客的購物習慣，挖掘出商品被購買的關聯性，進而設計有效的商品銷售組合來增加商機。

利用病歷資料，找出疾病症狀發生的關聯性，例如「（頭痛，腹瀉）→ 發燒」，進而作更精準的診斷與治療。

利用製造業中工廠的機台異常資料，找出有異常相關性的機台，制定完整的保養維修計劃。

入侵偵測

由大量的伺服器日誌資料進行分析，挖掘出異常入侵行為的相關模式，藉以偵測及預防駭客入侵的發生。

生醫製藥

由基因表現、基因組及藥物反應等資料，挖掘出基因功能與生物反應的相關性知識，進而開發新型的藥物。

序列樣式探勘

雖然關聯規則可以表現出商品被購買的相關程度，但是，有些重要的資訊卻無法透過關聯規則被探勘出來。由於關聯規則將每一筆交易紀錄視為獨立互不影響的資料，但實際上可能有若干筆資料是屬於同一個顧客的，而同一顧客的行為可能具有時序上的特性，因此當我們在討論顧客的行為趨勢時，也必須考慮依照時間循序變化的**序列樣式**（sequential patterns）。

舉例來說，若我們將表 7-2 的 DVD 出租紀錄加入顧客編號及出租日期的欄位，其中第 1、2、3 筆出租紀錄同屬顧客 1，第 4、5、6 筆出租紀錄同屬顧客 2，我們就可以發現到他們兩位都有先租《移動迷宮》與《魔戒》，然後再租《異形》與《惡靈古堡》，然後再租《玩命關頭》與《變形金剛》這樣的循序行為樣式。

表 7-2　包含顧客編號與出租日期之 DVD 出租紀錄

紀錄編號	顧客編號	出租紀錄	出租日期
1	1	移動迷宮、哈利波特、魔戒、鋼鐵人、美國隊長	2017/3/9
2	1	異形、終極戰士、惡靈古堡、與神同行、飢餓遊戲	2017/4/4
3	1	X 戰警、蜘蛛人、復仇者聯盟、蟻人、玩命關頭、變形金剛	2017/5/7
4	2	移動迷宮、魔戒、美國隊長、X 戰警、蜘蛛人、不可能的任務	2017/8/8
5	2	異形、惡靈古堡、飢餓遊戲、復仇者聯盟、蟻人	2017/9/3
6	2	哈利波特、魔戒、鋼鐵人、玩命關頭、變形金剛	2017/10/1
7	3	終極戰士、與神同行、飢餓遊戲、X 戰警、蜘蛛人、復仇者聯盟	2017/12/5
8	3	哈利波特、魔戒、美國隊長、蟻人、玩命關頭、變形金剛	2017/12/12

序列樣式探勘方法可用來彌補關聯規則探勘的不足。其實，序列樣式探勘和關聯規則探勘很類似，不同的是序列樣式探勘中相關的項目是以時間區分開來，而有連續樣式的法則出現。如同關聯規則探勘，我們會先設定一個最小支持度用以篩選代表性夠高的型樣；但與關聯規則探勘不同的是，我們是以顧客數量作為基數，然後分析有多少比例的顧客具有該型樣。例如，表 7-2 的資料中總共有 3 位顧客，其中有 2 位顧客具有先租《移動迷宮》與《魔戒》，然後再租《異形》與《惡靈古堡》，然後再租《玩命關頭》與《變形金剛》這樣的行為，因此這樣的行為可以記為〈（移動迷宮，魔戒），（異形，惡靈古堡），（玩命關頭，變形金剛）〉型樣，而該型樣的支持度為 $2/3 \approx 66.7\%$。如果我們將最小支持度設為 60%，則此型樣就會被探勘出來。

序列樣式的應用方式與關聯規則的應用有些許的不同，關聯規則著重在同一筆紀錄內項目之間的關聯，而序列樣式則是同一位顧客跨多筆紀錄的項目之循序趨勢。因此，關聯規則應用在商品或服務推薦時會是即時性的，例如顧客將《哈利波特》的 DVD 放入購物車時，系統就可以即時地顯示一個推薦《魔戒》的訊息；而序列樣式應用在商品或服務推薦時，可以在顧客租了《移動迷宮》與《魔戒》之後，利用簡訊、電子郵件或是其他方式將推薦《異形》與《惡靈古堡》的訊息送給他。

序列樣式探勘的應用包括：

1 購物預測

由顧客的購買記錄中挖掘出其購物之序列模式，可預測顧客買了某項商品後，可能在一段時間內追加購買的商品並加以推薦。

2 網站推薦

藉由分析使用者的網頁瀏覽記錄，挖掘出其流覽模式，預測使用者接下來可能瀏覽的網頁，可進行精準的廣告推播及推薦。

3 移動行為預測

由使用者的 GPS、打卡等行動資料分析其移動模式，預測使用者可能前往的下一個地點。

4 疾病診斷

由大量病歷資料中挖掘出各種疾病會出現的症狀之序列樣式，藉此可提高疾病診斷的精準性，預測可能症狀的發生，以利及早預防。

5 用藥指南

利用用藥的不同順序和組合，找出適合病人的用藥方式。

7-3 分類與聚類分析

>>>分類模型

　　分類（classification）問題是機器學習非常重要的要素之一，它的目標是根據已知樣本的某些特徵去建立對應的分類模型，之後就可以運用此模型來判斷一個新的樣本屬於哪一種已知的樣本類。分類問題也被稱為**監督式學習**（supervised learning），因為它主要是根據已知訓練資料提供的樣本，透過計算選擇特徵參數，建立判別函數以對樣本進行的分類。例如，錄影帶出租店在會員註冊時，通常會請顧客留下年齡和家庭成員人數等個人資訊，同時也會調查使用者有興趣的電影類別。如圖 7-4 所示，藉由分布圖來表現資料的分布，我們可以發現到家庭成員數多且年齡偏低的顧客比較偏好文藝類電影，家庭成員數少且年齡偏低的顧客則比較偏好科幻類電影等趨勢。但是這種簡單又抽象的敘述並不能真正轉化為商業使用，例如，如果有一位新顧客留下了年齡和家庭成員人數的資訊，卻沒有明確表明他喜歡何種類型的電影，我們單憑這個簡單又抽象的敘述，可能無法猜測出這名新顧客可能的偏好。

　　針對這樣的問題，可以使用分類模型來協助判斷新顧客的偏好。我們透過一些分類方法建構出分類模型，例如，把這些模型想像成一種空間的分割，就像是圖 7-4 中的綠線，把各種偏好的使用者區隔開來。

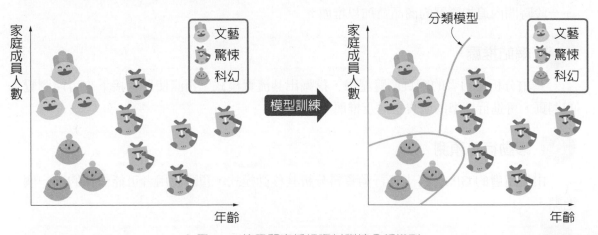

⊛圖 7-4　使用顧客偏好資料訓練分類模型

　　當模型訓練完成後，我們就可以使用它來對未知偏好的使用者進行分類。如圖 7-5 所示，對於一個未知偏好的新顧客，根據他的家庭成員人數和年齡等資訊，以我們建構的分類模型來分類，他就會被分類為偏好藝文類的電影。

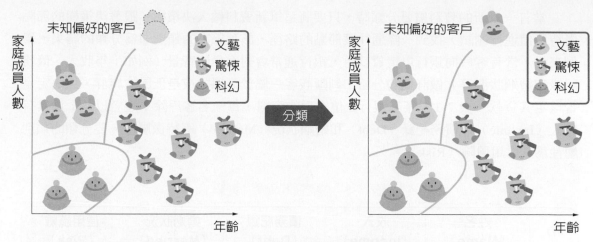

這樣的分法看似很直覺，好像不需要什麼高深的學問，利用人工的方式就可以區分未知偏好顧客的類別。但我們必須知道的是，通常資料屬性欄位非常多，可能會多達上百、上千個欄位，因此無法用圖形展示資料的分佈。加上資料量往往很大，會導致資料的分佈相當複雜，不可能以人工的方式畫幾條折線就能區分。因此，我們需要能有效建立分類模型的方法。

分類最常運用的方法包含決策樹、支援向量機以及類神經網路等。假如屬性值不是連續數值時，比較適合採用決策樹；屬性值屬於數值型時，則支援向量機與類神經網路比較合適。不論是哪一種分類模型，本質上都是利用收集來的資料訓練出一個模型，當這個模型訓練完成後，可以準確地把資料進行分類。在眾多分類技術中，目前最受關注的**深度學習**（deep learning）就是基於類神經網路所發展出來的尖端技術。

♀決策樹

決策樹（decision tree）是一種很常見的分類模型，擁有很強的可解釋性能力，因為所建立的模型可以透過樹狀分支表達。決策樹中的每一個節點代表某個特徵屬性，每條分叉路徑代表可能的特徵值，而葉節點則代表預測的類別。

決策樹的訓練分為兩個步驟：

1　樹的建構

開始時，將所有的訓練集都放在根節點，然後根據選定的特徵，從上往下遞迴將訓練集分開。有一個簡單的特徵選擇方法是將選擇資料分開後，錯誤比較少的那一種特徵。

2　樹的剪枝

找到包含雜訊或**異常值**（outlier）的分叉路徑，並將該路徑刪除。

當有一筆新的資料需要分類時，只要將這筆新資料輸入決策樹，跟著決策樹的節點對特徵值進行測試，找到一條通往葉節點的路徑，該葉節點的類別即為分類的結果。舉例來說，當有客戶向銀行申請貸款時，銀行通常會對客戶的背景（例如：年收入、債務記錄和婚姻狀況等）做詳細的分析，判斷該客戶屬於高風險或是低風險族群，以決定是否核定其貸款。表 7-3 是某家銀行 5 位客戶的資料，每一名客戶除了姓名以外，還具有收入（Income）、債務紀錄（Debt）和婚姻狀況（Married）等特徵屬性。要分類的類別屬性為其信用風險（Risk）。

表 7-3　舊客戶的背景資訊

ID	姓名 （Name）	收入 （Income）	債務紀錄 （Debt）	婚姻狀況 （Married）	信用風險 （Risk）
1	Joe	高	高	已婚	低
2	Sue	高	低	已婚	低
3	John	高	低	未婚	高
4	Mary	低	高	已婚	高
5	Fred	低	低	已婚	高

　　在建立決策樹的分類模型時，我們將循序找出最具有代表性的特徵屬性，以便對要分類的類別作有效的區分。以表 7-3 為例，假設我們首先選擇的屬性是「收入」，客戶依此屬性可以分為高（ID=1, 2, 3）和低（ID=4, 5）二類。如圖 7-6 所示，我們依「收入」這個屬性產生樹的第一個分支。從表 7-3 可知，分支後「收入＝低」的客戶（亦即圖 7-6 中的右分支）其信用風險都是「高」，所以在這個分支就得到一個終結的葉節點。

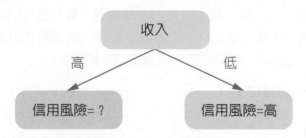

圖 7-6　決策樹生成步驟一

　　但是從表 7-3 可知，「收入＝高」的客戶（亦即圖 7-6 中的左分支）同時包含有「信用風險＝高」和「信用風險＝低」的族群，這時候我們就需要進一步訓練決策樹。

　　如果針對表 7-3 中「收入＝高」的客戶資料做觀察，會發現「婚姻狀況＝已婚」的人都屬於低風險族群，因此我們可以採用「婚姻狀況」做為下一個分支屬性，更進一步得到如圖 7-7 所示的樹。

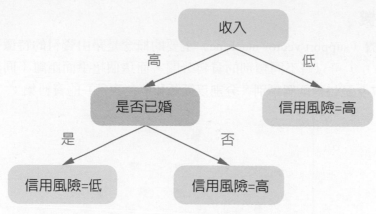

◈圖 7-7　決策樹生成步驟二

　　此時，我們的資料集已經全數分類正確，所以決策樹的訓練也完成了。如果有新的客戶想要申辦貸款，我們就可以使用這個訓練好的模型來進行分類，評估新客戶的風險高低。例如，有一名想要貸款的客戶資料如表 7-4 所示，我們就可將其屬性帶入決策樹中進行分類，圖 7-8 的決策樹中標示紅色的部份就是分類時所經過的路徑。我們可以得到這名新客戶的信用風險為「低」的結果。

表 7-4　新顧客背景資料

ID	姓名 （Name）	收入 （Income）	債務紀錄 （Debt）	婚姻狀況 （Married）	信用風險 （Risk）
6	Susan	高	低	已婚	?

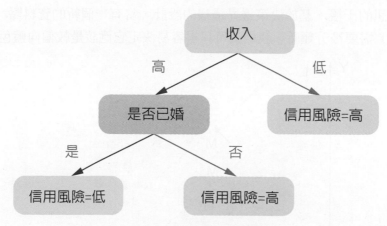

◈圖 7-8　決策樹分類路徑

💡 支援向量機

支援向量機（support vector machine）主要的概念是藉由資料的特徵找到一個**超平面**（hyperplane），可以將不同類別的資料分開，而這個超平面距離不同類別的邊界是最大的。如圖 7-9 是包含兩個類別（分別以紅色和藍色表示）的資料集：

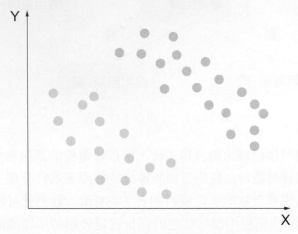

◈圖 7-9　包含兩個類別的資料集

　　假設每個資料點都有 X、Y 兩個特徵，則這些資料可視爲座落在一個**線性**（linear）的空間中；支援向量機會先找出最能代表這兩個類別邊界的資料點，這些資料點稱爲**支援向量**（support vectors）。

　　支援向量機即是藉由這些資料點來找到一條直線 L，這條直線 L 距離兩個類別的支援向量之距離 M 是最遠的，而且可以把兩個類別的資料點分開，稱爲**決策邊界**（decision boundary），如圖 7-10 所示。這麼做的原因是爲了找到一個泛化能力最好的模型，比較不容易受到雜訊的干擾。基於決策邊界這樣的設計，當有一個新的資料點（例如圖 7-10 中的綠色星星）需要被分類時，我們就可以很容易決定它應該是較偏向藍色的類別了。

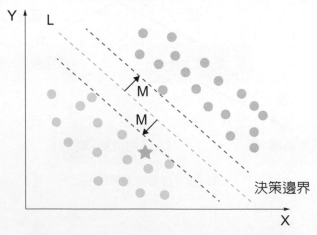

◈圖 7-10　支援向量機對於兩個類別的決策邊界

像這種可以在線性空間被一條直線分開類別的資料集，我們稱這個資料集爲**線性可分**（linear Separable）。當然，當資料集所包含屬性的維度更大時，資料集就不見得是線性可分了，要找出能夠分開不同類別的超平面，問題就會變得更複雜，此時就需要用到進階的**核技巧**（kernel trick）等方法來處理了。

類神經網路（ANN）

我們在第三章介紹過，類神經網路（ANN，即人工神經網路）基本上是由輸入層、隱藏層和輸出層三個部分所組成。圖 7-11 是一個類神經網路在顧客的電影偏好分類之範例，我們透過收集來的資料訓練這個類神經網路，訓練完成後，我們就可以把一個還不知道其偏好的顧客資料（包括年齡、收入、家庭人數、每天上網時長）輸入進去，如此一來，模型就會在科幻、驚悚、文藝三個電影類別輸出不同的分數，分數越高就代表這名顧客越偏好那個種類的電影，而這樣的資訊我們就可以利用它作爲一個推薦的依據。舉例來說，如果某位顧客在輸出層得到的分數分別是科幻：0.3、驚悚：0.7、文藝：0.0，我們就可以推薦他像是《異形》或是《惡靈古堡》這類較偏向驚悚類型的影片。

相信你已經注意到了，這樣的推薦方法不同於根據關聯規則或序列樣式的推薦方法，DVD 出租店不需要顧客過去的租片紀錄，就可以利用顧客的基本資料來建立模型及進行預測，這方法對於爲尚未有租片紀錄的新進顧客進行推薦的應用提供了另一種解決方案。

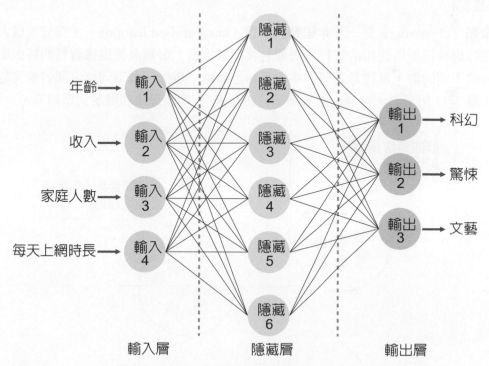

◈ 圖 7-11　類神經網路在顧客電影偏好分類之應用

分類的應用很多，除上述的方法以外還包括了：

顧客分析
利用顧客的背景資料來判斷他的信用程度，以決定是否核准他的貸款。

推薦系統
利用顧客過往的商品瀏覽紀錄，分析顧客有興趣商品的特徵，推薦他可能感興趣的相關商品。

醫學診斷
利用病患的病歷及檢查資料，推斷該病患是否患有某種疾病，並顯示其風險因子。

財經決策
利用過去金融商品的資料，預測未來金融商品價格的漲跌。

電腦視覺
經由對大量影像建立分類模型，可運用於人臉辨識、物件辨認等應用中。

聚類

聚類（clustering）是一種**非監督式學習**（unsupervised learning），與分類最大的不同點在於訓練模型所使用的資料不需要包含類別標籤。聚類直接根據資料的特徵屬性將資料分成不同的群，目標是讓同群中的資料差異越小越好，而不同群之間的差異越大越好（如圖 7-12 所示）。常見的基本聚類方法有 K- 平均演算法和階層式聚類等。

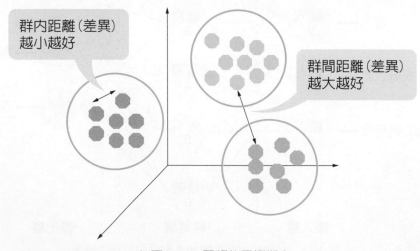

◈圖 7-12　聚類的目標概念

◌ K-平均演算法

K- 平均演算法（k-means clustering）是最簡單也最常被使用的聚類方法之一，其中每個群包含一個群中心，每個資料點都會被分配到一個群之中。為了避免每個特徵屬性的單位不一樣，通常資料會先經過**正規化**（normalization，也就是標準化），確保計算距離時對於每個特徵是公平的。

K- 平均演算法分為四個步驟：

1 **初始化**：將資料正規化，並且隨機選取 K 個資料點作為群中心。

2 **分群**：將每個資料點分配給距離群中心最近的群。

3 **更新中心**：以步驟 2 重新分群後的分群資料，更新新的各群中心。

4 **終止**：重複上述步驟 1-3，直到資料點穩定，不再改變所分配到的群。

舉例而言，假定某銀行的客戶資料集包含其姓名（Name）、年齡（Age）、收入（Income）等特徵屬性，如表 7-5 所示。

表 7-5　銀行客戶資料集

ID	姓名（Name）	年齡（Age）	收入（Income）	其他屬性（Other Attributes）
1	John	50	80,000	…
2	Tom	25	90,000	…
3	Mary	30	60,000	…
4	Paul	48	55,000	…
……				

我們希望可以根據客戶的年齡和收入的屬性，藉由聚類將性質相近的客戶分在同一個群，性質有差異性的客戶分在不同群。我們可以如圖 7-13 所示之步驟，使用 K- 平均演算法來進行聚類。

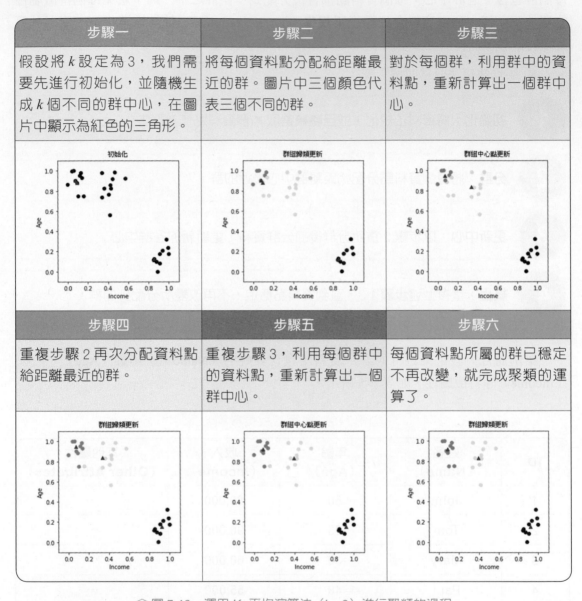

步驟一	步驟二	步驟三
假設將 k 設定為 3，我們需要先進行初始化，並隨機生成 k 個不同的群中心，在圖片中顯示為紅色的三角形。	將每個資料點分配給距離最近的群。圖片中三個顏色代表三個不同的群。	對於每個群，利用群中的資料點，重新計算出一個群中心。
步驟四	步驟五	步驟六
重複步驟 2 再次分配資料點給距離最近的群。	重複步驟 3，利用每個群中的資料點，重新計算出一個群中心。	每個資料點所屬的群已穩定不再改變，就完成聚類的運算了。

◈圖 7-13　運用 K- 平均演算法（k=3）進行聚類的過程

接下來，我們介紹一個聚類視覺化的例子。假設我們要以高度（height）和壽命（lifetime）為特徵屬性來對各種植物進行聚類，如圖 7-14 所示。花草類的盆栽由於壽命都很短而且高度不高，所以它們的資料點會集中在圖中左下角的區域，成為一群；而像仙人掌之類的植物雖然矮，可是壽命卻很長，所以仙人掌的資料點相較於花的資料點是偏右的，成為另外一群；至於樹木，高度高、壽命又長，所以會集中在圖中右上角的區域，也成為一群。

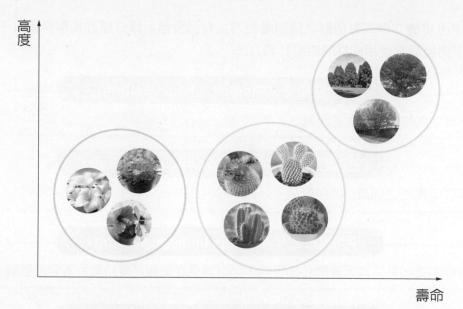

高度

壽命

◈ 圖 7-14　植物聚類視覺化範例

💡 階層式聚類

　　階層式聚類（hierarchical clustering）透過反覆將下一層的群凝聚或將上一層的群分裂產生新的群，並在最後生成一個樹狀結構。常見階層式聚類的生成方式有兩種：

1. **凝聚式**（agglomerative）**階層聚類法**：採用凝聚的方法產生新的群，由樹狀圖的底部開始（bottom-up），往上逐次凝聚群。

2. **分裂式**（divisible）**階層聚類法**：採用分裂的方法產生新的群，由樹狀圖的頂部開始（top-down），往下逐次分裂群。

　　以圖 7-15 為例，介紹凝聚式階層聚類法的作法：

1 將每一筆資料都各自視為一個群，例如圖 7-15 中的資料 A~G 都各自為一個群。

2 找到距離最相近的兩個群，例如圖 7-15 中的 A 和 C、D 和 B 等，凝聚產生一個新的群，如此就少了一個群。

3 計算新的群與舊的群之間的距離。

4 重複步驟 2 和步驟 3，直到群數量減少到目標數量。

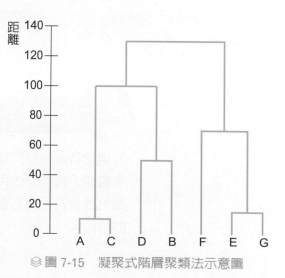

◈ 圖 7-15　凝聚式階層聚類法示意圖

其中，步驟 3 計算每個群之間距離的方式有很多種，每一種方式都有各自不同的用途，以下列出最常使用的群間距離計算方法：

單一連接法（Single Linkage Method）

不同群中兩點之間最大的距離。

完全連接法（Complete Linkage Method）

不同群中兩點之間最小的距離。

平均連接法（Average Linkage Method）

不同群中每個點之間距離總和的平均，可以避免在衡量距離時受到雜訊的影響。

中心點連接法（Centroid Linkage Method）

不同群中的中心點之間的距離，可以解決在衡量距離時對異常值過於敏感的問題。

聚類的應用相當廣泛，除上述的例子之外還包括：

 市場行銷

利用顧客資料和購買記錄找出擁有不同購買習慣的族群，可針對不同族群使用不同的行銷策略。

 城市規劃

利用房子的種類、價錢和地理位置等，辨識出擁有不同特點的房型，協助城市的規劃。

 犯罪分析

利用犯罪案例發生的時間和區域進行聚類，剖析出不同類型的犯罪特性，可以有效地監測犯罪案件的發生。

 社群網路分析

利用社群網路的文章和打卡資料，將所有使用者分為對社群具不同影響作用的角色。

 人員配置

利用過往客服流量的資料，對不同日期和時間進行分群，以找出最有效率的因應策略，提升客服服務表現。

7-4 本章小結

　　對於本章所介紹的關聯規則探勘、序列樣式探勘、分類模型與聚類等知識發現技術，除了可以各別運用外，也可以互相整合應用。例如，隨著網際網路及行動網路的普及，人們有越來越多的活動是透過網路在進行，例如提供服務或商品買賣，而這樣的服務或商品買賣會在雲端伺服器中留下大量的紀錄資料（如圖 7-16）。對於這樣的紀錄，我們除了可以探勘出使用者對於商品／服務訂購或使用行為上的關聯規則與序列樣式，也可以將這些探勘出來的規則與樣式再與分類模型或聚類等加以結合，就可以挖掘出更進階的知識，進而更細緻地將適當的服務或是商品推薦給使用者。當然，這樣的整合概念也可以廣泛應用於生醫、製造、商業決策等各種領域，創造出具高度智慧性的創新應用！

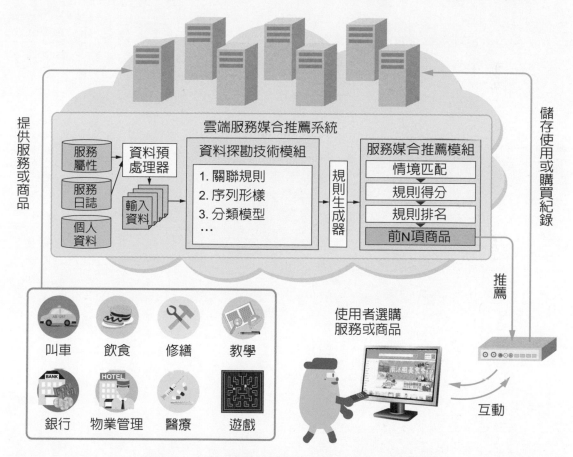

◈ 圖 7-16　知識挖掘在商品與服務推薦之整合應用情境

 動手操作看看吧！互動平台：https://ai.foxconn.com/textbook/interactive

CH 08

源源不絕的創造力

創作AI

李宏毅 國立臺灣大學電機工程學系助理教授

經歷：美國麻省理工學院電腦科學暨人工
智慧實驗室客座科學家

蘇上育 國立臺灣大學資訊工程學系博士候選人

本章架構

FOXCONN Ai

有一部劇情為兩個好朋友一起成為頂尖漫畫家組合的日本漫畫，小明看完以後，也燃起了心中的熱血，立定目標要成為一個頂尖的漫畫家，於是找了好朋友小華想要一起努力。

小華 你的提議很好，可是我完全不懂怎麼畫漫畫耶，我從小就很不會畫圖。

小明 好吧，那我來負責畫圖好了。

小華 那我們該如何合作呢？

小明 不如這樣吧，我自己練習畫圖，每次畫好之後就交給你看，請你幫我的作品打分數，如果像真的漫畫家的作品，就給我高分，如果不像，就給我低分。

小華 但我平常沒有看漫畫，我要怎麼知道你的作品像不像真的漫畫家的作品呢？

小明 你就拿一本專業漫畫家的作品跟我的作品放在一起比較吧，畢竟漫畫家還是要多看看別的作品獲得靈感嘛！

小華 我了解了！我們這樣反覆來回，你就知道該怎麼畫才能拿到高分，我也更會鑑賞漫畫了！不過，為什麼你不直接拿一本當紅漫畫放在旁邊看，然後畫出一樣的圖就好了呢？

小明 要是這樣的話，我的畫風可能會跟那位漫畫家太像。我們還是要有自己的風格嘛！

小華 原來如此，那我們一起加油吧！

 # 8-1 基礎生成對抗的概念

在前面這個故事裡，經由小華的鑑賞意見回饋，讓小明的漫畫繪圖能力進步；而小明畫漫畫的能力進步後，也使得小華的鑑賞漫畫能力隨之進步，這就是基本的生成對抗思想。經由不斷對抗而讓雙方持續進步的過程，稱為**對抗式學習**（adversarial learning），經由這個過程而學會創造出有自己風格的作品，也是現在的人工智慧領域中最火紅的**生成模型**（generative model）的中心思想。

　　前面幾個章節介紹了有關監督式學習使用於訓練**判別模型**（discriminative model）的例子。判別模型的概念是，給予模型大量的訓練資料進行機器學習，每一筆訓練資料都是**輸入資料**（input）及其對應的**標籤**（label）。我們希望模型經過學習以後，能夠學到輸入資料及其標籤的對應關係，當資料給予判別模型後，模型能夠預測出正確的標籤。但生成模型的目標是「創作」，我們希望生成模型能夠產生出訓練資料中沒有出現過的資料，並不希望模型照著訓練資料完全模仿。

　　小明（生成者）和小華（判別者）都是從零開始學習創作和鑑賞。一開始，小明不太會畫圖，畫了一張不太好看的漫畫圖像，但小華也沒有看漫畫的習慣，所以不太會判別什麼畫像是由專業的漫畫家所畫。如果小華先分別看了幾張專業漫畫家和小明的作品後，小明先透露答案給小華，讓小華知道他看到的圖片中哪些是小明的作品、哪些是專業漫畫家的作品。一直反覆這樣的學習過程後，小華便漸漸學會了一點鑑賞漫畫的能力。之後，小明將一些新作品交給小華，由於小華已經學會透過圖片中的一些特定特徵來判別，例如，小華學會透過漫畫人物的眼睛來判斷作品的好壞，在小明的眾多作品中，小華可能會認為某些作品的人物眼睛像專業漫畫家所畫，因此給了高分。雖然小華沒有對小明指出他觀察的重點，但小明看到小華給的分數後，就會發現某些作品的分數特別高，於是他判斷出這些高分作品的共同特徵為何。為了拿到高分，小明之後的漫畫就會帶有這些共同特徵。

　　接下來，小明又作了新圖給小華評分，此時小明的作品帶有之前得到高分的特徵，因此，小華為了分辨出哪些作品是小明所畫，便仔細端詳專業漫畫家和小明的作品，又學習到漫畫人物的臉型輪廓也是一個用來判斷的特徵，小華就會把小明所畫但不具臉型特徵的作品打低分。之後，小明為了得到小華的高評價，就大量繪製漫畫作品，在這些作品當中，可能有一些漫畫人物的臉型輪廓是非常好看的，小華就給予這些作品高分。小明透過小華的回饋，又學到修正自己作畫的方向。經過這樣反覆的回饋、學習，直到小華再也無法判斷出哪些圖是專業漫畫家所畫，哪些是小明所畫，至此，小明已經能夠畫出像專業漫畫家一樣優秀的漫畫了。

　　這個過程就是對抗式學習。如圖 8-1 所示。

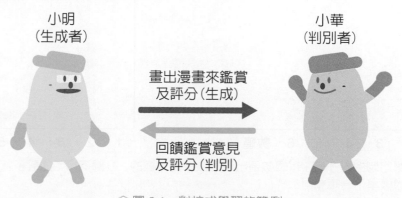

小明
（生成者）

小華
（判別者）

畫出漫畫來鑑賞
及評分（生成）

回饋鑑賞意見
及評分（判別）

◈ 圖 8-1　對抗式學習的範例

我們可以將小明與小華一起努力成為頂尖漫畫家組合的過程，簡化成演算法 8-1。

演算法8-1

假設小華看了每一張圖片都會就「像不像真的漫畫家所畫」給一個分數，分數範圍為 0〜1。

1. 小華拿漫畫家的圖和小明的圖來練習判斷，看過圖片以後，試著將真的漫畫家的作品給出 1 分，並將小明的作品給出 0 分。

2. 小明不斷練習作圖，試著作出讓小華給出 1 分的圖片。

數據空間與數據分布

數據空間（data space）是一個抽象的概念，顧名思義，數據空間就是裝載著數據的一個抽象空間，也就是所有可能**數據點**（data point）的集合。

以往在提到「空間」這個詞的時候，通常是指現實生活中的物理三維空間，也就是所有可能的「位置」所構成的整體。在數學中，「空間」可以被推導到更一般的概念，也就是所有「同質的元素」所構成的集合，例如，所有可能出現的圖片可稱為圖片空間，所有可能的向量之集合稱為向量空間等。

舉一個非常簡單的例子，假設擲一顆骰子數次之後能夠得到一些數值，這些數據是整數，而且範圍在 1 到 6，便可以說這群數據的集合——也就是數據空間——是 { 0, 1, 2, 3, 4, 5, 6 }。

這個數據空間中，每一個數值出現的頻率是否一樣呢？如圖 8-2，若是一顆均勻的骰子，在擲骰子的次數夠多的狀況下，1 到 6 的數值出現的機率幾乎是一樣的。如果是一顆不均勻的骰子，那麼在擲骰子的時候，1 到 6 的數值可能會以不同的機率出現。每個數據點在數據空間中出現的**趨勢**，也就是在這個數據空間中的分布，就稱為**數據分布**（data distribution）。

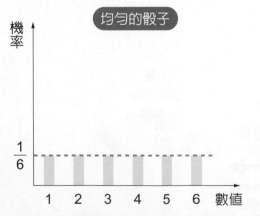
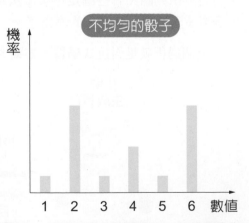

◈圖 8-2　投擲均勻的骰子時，每個數值出現的機率是一樣的；投擲不均勻的骰子時，每個數值出現的機率不一定相同

接下來，我們以圖像為例。假設有一張彩色照片，長、寬皆為 64 像素（pixel），而每張彩色照片有 3 個**通道**（channel），分別是 **R**（紅色）、**G**（綠色）、**B**（藍色）。以各個通道分別來看，都是一張長寬皆為 64 像素的單色照片（紅色、綠色或藍色），每個像素點都代表該點的單色強弱（例如有多紅或有多綠）。把這三張 64 × 64 的單色相片組合起來才能成為一張全彩照片。就每張單色照片來看，其像素點的數值會落在 0 到 255 之間，因此每個像素點的數值總共有 256 種可能性，在長、寬皆為 64 像素的彩色照片所形成的數據空間中，其數據點就有 256 的 3 × 64 × 64 次方這麼多個了。

由此可以想像，真實圖像的數據分布狀況可能非常複雜，很難以簡單的數學函數來表示，因此我們需要機器的力量，根據真實的照片來學習真實圖像的數據分布。

8-2 生成對抗網路

如果想要利用機器學習來完成小明與小華的任務，可以將故事中的兩位主角替換成類神經網路，如此一來，整個架構就是所謂的**生成對抗網路**（generative adversarial network，簡稱為 **GAN**）。如圖 8-1，負責作圖的小明在生成對抗網路中稱為生成者或生**成器**（generator），負責判別真偽的小華稱為判別者或**判別器**（discriminator）。

在前面幾章，我們已經學過類神經網路（即人工神經網路）的基本知識。類神經網路是一個能力非常強大的機器學習模型，可以學習到非常複雜的行為，我們把它想成是一個非常複雜的數學**函數**（function），能夠將輸入模型的資訊進行非常複雜的**轉換**（transformation）。

一般而言，由於真實的圖片數據集非常複雜，若想要生成非常多樣化的圖片，可以在一個數值連續的**潛在空間**（latent space）裡，從一個給定的數據分布中隨機抽取數據點，並且透過生成器，經過複雜的運算，將潛在空間的數據點轉換為圖片空間的數據點。舉例來說，我們在**常態分布**（normal distribution）中隨機抽取數據點，並將此數據點轉換成 R、G、B 三個通道的彩色圖片。而判別器的設計就相對直覺，我們會將每張圖片個別輸入判別器，判別器的類神經網路經過複雜的運算，算出一個分數，越高分代表判別器認為輸入判別器的數據越像「真的」。

以下我們用符號 G 代表生成器的數學函數，D 代表判別器的數學函數，從潛在空間中抽取出的數據點以符號 z 表示，真實的數據點以符號 x 表示，因此，經由生成器產生的假數據便能以 $G(z)$ 表示。

判別器的訓練目標是希望 $D(x)$ 越高越好而 $D(G(z))$ 越低越好。$D(x)$ 是判別器給予眞實數據的分數，$D(G(z))$ 是判別器給予生成器生成之假數據的分數。由此可知，判別器的目標是要正確地判斷出眞僞。

生成器的訓練目標是希望生成器所產生的圖片放進判別器後，能夠得到非常接近滿分 1 分。換句話說，我們希望生成器生成的假圖片能夠讓判別器認爲非常像眞實圖片。

◈圖 8-3　基本生成對抗網路運作模式

訓練對抗生成網路的方式就如上一節提到的演算法 8-1，只是將小明和小華替換成類神經網路。整個訓練對抗生成網路的流程可以分爲兩大步驟：

1. 固定生成網路，訓練判別網路
2. 固定判別網路，訓練生成網路

在訓練判別網路時，我們會固定生成網路的參數。首先，從某一潛在空間裡一個給定的數據分布（通常是常態分布）中隨機抽取數據點，這些數據點會以向量的形式通過生成網路的複雜運算後得到生成的結果。假設目標是生成圖片，則將方才所生成的圖片標記爲「假」（0 分），並將眞實的圖片數據集中的圖片標記爲「眞」（1 分）。接下來，我們每次從眞、假資料集中分別抽取一些資料交給判別器來預測分數，進行類神經網路的訓練。圖 8-4 爲訓練判別網路的示意圖。

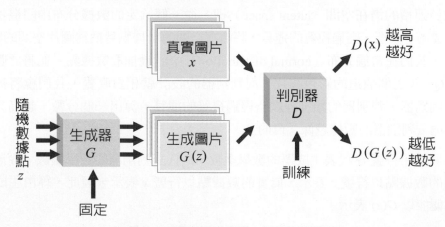

◈圖 8-4　固定生成網路，訓練判別網路

150

同樣地，我們在訓練生成網路時，也會固定判別網路的參數。此時，從某一潛在空間裡的一個給定的數據分布（通常是常態分布）中隨機抽取數據點，再經由生成網路產生出生成結果，並交給判別網路評分進行訓練。圖 8-5 為訓練生成網路的示意圖。

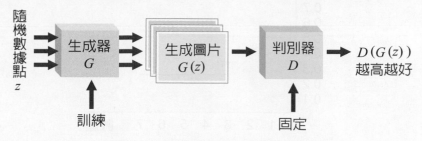

◈圖 8-5　固定判別網路，訓練生成網路

判別器和生成器都是由類神經網路所組成，實際的訓練會包含反向傳播、梯度上升、梯度下降等演算法來優化目標函數，有興趣的讀者可另外研讀相關資料，這些細節在此不再贅述。

如前面的內容所述，在使用生成器生成圖片時，第一個步驟是要先從某個潛在空間中抽取出資料點。假設所使用的潛在空間非常簡單，是一個一維的連續空間，空間裡的數值是 0 ～ 2，數值的分布是**均勻分布**（uniform distribution）。也就是說，當我們試著從這個空間抽取出資料點時，可能會抽到 0.127，也可能會抽取到 1.89，或是抽取到 0.99。由於數值的分布是均勻的，所以抽取到這些數值的機率是完全相等的。同時，假設所使用的生成器是非常簡單的線性函數，如式 8-1（實際上，類神經網路能表達的函數對應關係可能複雜許多）。

$$G(z) = az + b \qquad\qquad (8\text{-}1)$$

式 8-1 中，z 為函數的輸入，函數的參數 a 和 b 皆為實數，且皆是能夠經過訓練調整的參數。由於一開始我們根本不知道真實數據分布是什麼樣子，當然也不知道 a 和 b 要設什麼數值才能和真實數據的分布接近。在實作上，通常這些參數初始的設定是隨機的。在以下的訓練過程中，機器會自己調整 a 和 b，使得生成數據分布逐漸接近真實數據分布。

我們假設一開始 $a = 1$ 且 $b = 0$，代入式 8-1 後會變成 $G(z) = z$。假設真實數據同樣遵從均勻分布，其數值分布為 3 ～ 7。我們可以畫出如圖 8-6 的圖形，橫軸表示生成數據和真實數據所在的空間，縱軸表示數據點出現的機率。

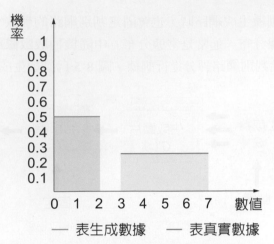

其中，藍色的區塊是真實數據的數據分布，綠色的區塊是一開始由生成模型所產生的數據分布，因為 $G(z) = z$。這兩個區塊裡面的任何一個數據點對應的機率值就是該數據點在空間裡出現的機率，值越大表示出現的機會越大。無論是真實數據或生成數據，所有值出現的機率總和為 1，所以藍、綠兩個區塊地矩形面積都是 1。

建立生成模型的目標，就是希望經由機器學習的技術讓電腦產生跟真實數據非常接近的分布。在上面的例子，我們希望慢慢讓綠色的區塊與藍色的區塊重疊。

接下來，我們加入判別器，此處不假設判別器的函數結構，只單純展示其函數結果，如圖 8-7 所示。

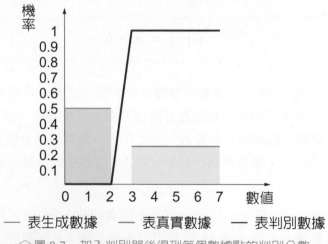

◈ 圖 8-7　加入判別器後得到每個數據點的判別分數

從圖 8-7 中可看到，加入判別器之後，開始判別生成數據時，因生成器的表現並不好，生成之數據分布與真實數據分布有明顯的差距。經過訓練的判別器能夠非常容易地判別出數據是真實數據或是生成的假數據，圖 8-7 中的紅色線條即為判別器的判別分數，我們可以看到在綠色區塊（即生成數據）所得到的分數皆貼近 0 分，而在藍色區塊（即真實數據）的部分皆得到接近滿分 1 分。

透過這一節所描述的方法來優化生成器後，生成器的參數會有所改變，假設經過訓練一段時間後，參數 a 變為 2.5，b 仍為 0，生成器的函數就變成 $G(z) = 2.5z$，此時，數據分布如圖 8-8 所示。

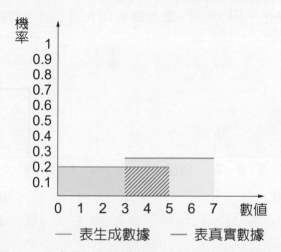

◈圖 8-8　生成器的函數變更後，新的生成數據範圍調整

從圖中可以發現，經過資料的訓練調整參數後，由生成器所生成的數據分布就能夠與真實數據分布更加重疊，如此一來，所設定之生成器目標函數值就能夠提高，我們可以想像生成器是為了要得到更高的分數才將數據分布往真實數據分布移動。由於訓練流程為交替訓練，接下來我們一樣能透過目標函數來訓練判別器。

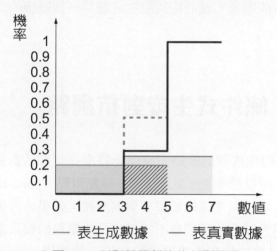

◈圖 8-9　判別器更新後的判別情況

在圖 8-9 中，一開始在判別器還未經優化時，對數據範圍 3 ～ 5 所判別出的分數為偏高（如灰色虛線所示），在經過優化後，判別器對此範圍的數據就能給出較合理的分數（如紅色實線所示）。

接下來，我們再度進行生成器的優化，這次參數 a 經由訓練調整為 2，參數 b 經由訓練調整為 3。經過這輪的優化之後，生成器的函數變為 $G(z) = 2z+3$，正好能夠將潛在空間中的數據分布轉換到和真實數據分布相同的分布，如圖 8-10(a) 中的綠色區塊。而判別器也一樣要進行優化，新的判別分數如圖 8-10(b) 中的紅色實線。

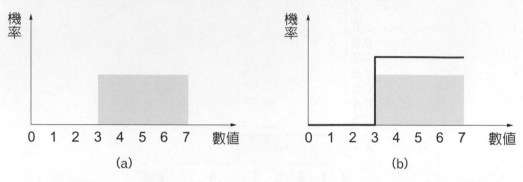

◈ 圖 8-10　(a) 優化後的生成數據；(b) 判別器優化後，產生新的判別分數

經過這一輪判別器優化後，落在數據範圍 3 ~ 7 之間的數據，判別器都會給予正好 0.5 的分數，因為由生成器所產生的數據和真實數據分布已經重合。由於判別器給予的分數範圍為 0 ~ 1，我們可以想像所有數據得到 0.5 分就代表著判別器已經無法分別出真數據或假數據，也就是說，我們所訓練的類神經網路已經能夠產生以假亂真的數據了。換句話說，假設這個例子的數據分布並不是單純的實數值，而是圖片的高維像素向量，當我們經過訓練而得到生成器後，就能夠利用生成器將一個隨機的向量轉換為幾可亂真的圖片。

 ## 8-3　條件式生成對抗網路

8.2 節介紹了基本的生成對抗網路，也就是將潛在空間的數據點映射（project）到我們想要的資料空間，可以想像成模型在學習一種**點對點**（point-to-point）的對應關係。但是這麼做，我們不太能控制生成的結果，舉例來說，如果希望生成者網路產生一張戴著眼鏡、瀏海偏長的男性臉孔，我們會不知道在生成網路的輸入端應該放進什麼資訊。如果要生成網路根據我們的指令生成對應的創作，那麼應該使用**條件式生成對抗網路**（Conditional Generative Adversarial Network，或稱 **conditional GAN**）的架構，只需要對架構做些微的調整即可。調整後的架構如圖 8-11 所示。

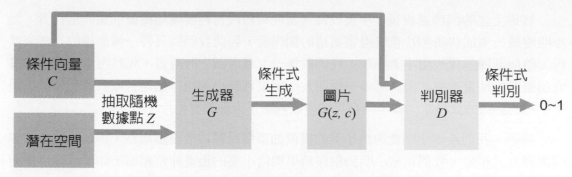

◈圖 8-11　條件式生成對抗網路的架構

在條件式生成對抗網路中，生成網路的接收者除了潛在空間隨機抽取出的數據點以外，還有我們給定的條件，藉此來產生符合給定條件的圖片。假設 [1, 0] 代表戴著眼鏡，[1, 1] 代表戴著眼鏡且瀏海偏長，在抽取出一個隨機數據點後，將這個數據點與前述條件的向量一起輸入生成網路。但是，類神經網路要怎麼知道 [1, 0] 這個向量代表戴眼鏡呢？在先前的介紹中可以發現，生成對抗網路的行為基本上是由判別網路所驅動，判別網路努力學習如何判別輸入資訊的真偽，而生成網路努力得到判別網路給的分數。在條件式生成對抗網路中，整個模型也是由判別網路所驅動，因此現在判別網路除了學會判斷創作真偽以外，也必須要學會判斷所接收的創作結果是否符合給定的條件。

如果將 [1, 0] 做為條件輸入生成網路產生結果後，將產生的結果與先前所給定的條件 [1, 0] 一起輸入判別網路，判別網路必須要判斷生成器的創作是否戴著眼鏡以及是否像真實漫畫。

8-4 循環式生成對抗網路

設想一個新的狀況，如果希望小明拿到一張真實的人臉照片時，就能夠照著這張照片將其中的人臉畫成漫畫風格，該怎麼做呢？在生成對抗網路的介紹中，小華比較了大量小明的創作和真的漫畫圖片，藉此來訓練小華分辨創作結果是否接近真實漫畫。我們的新目標是希望小明根據給定的照片轉換成漫畫風格，但小華的任務是分辨圖片是否為漫畫風格，因此，如果小明創作出漫畫風格的風景畫或漫畫風格的人臉，雖然與給定的照片相差甚遠，小華還是有可能給出高分，所以我們需要另一個人來解決這個問題。

我們讓小美來執行這次的任務。我們知道油畫能夠畫得非常逼真，因此小美的任務是將小明漫畫風格的創作利用油彩盡量畫成像是真實相片的風格。在小美作畫後，我們會把當初給小明的真實照片和小美的作品放在一起比較，希望小美的作品能夠與給定的照片非常相近。如果小明完全不管給定的真實照片，逕自將人臉照片畫成漫畫風格的風景畫，就算小美是個油畫高手，也只能畫出非常像真實相片的風景圖。加入這個額外目標後，小明就必須依照相片畫成漫畫風格。這個要讓給定的照片與小美最後還原的結果相似的目標，稱為**循環一致性**（cycle consistency）。

經過上述的訓練過程後，小美成爲一個能夠將漫畫轉換成超擬眞油畫的創作者，而小明變成一個能夠將照片畫成漫畫風格的創作者，因此我們以另外一種訓練的方式來進行。整個訓練過程改由小美發起，我們收集一大堆市面上的漫畫，先將漫畫交給小美畫成超擬眞的油畫風格，再請另外一個朋友小娟來判斷小美的作品是否像眞實照片。小娟和小華的訓練方式幾乎一樣，只是目標變成判斷是否像眞實相片。

接著，我們希望小明能夠將小美的擬眞油畫作品轉換成漫畫風格。與前一段所敘述的訓練方式相似，我們希望小明的創作結果與給小美的漫畫非常相似，如此訓練目標同樣爲循環一致性。思考一下，這兩種訓練方式能夠共存嗎？答案是可以，上述兩種方向不同的訓練方式並不衝突，他們四個人可以同時訓練。接下來，只要將他們四個人替換成類神經網路，整個模型就稱爲**循環式生成對抗網路**（CycleGAN），架構如圖 8-12 所示。

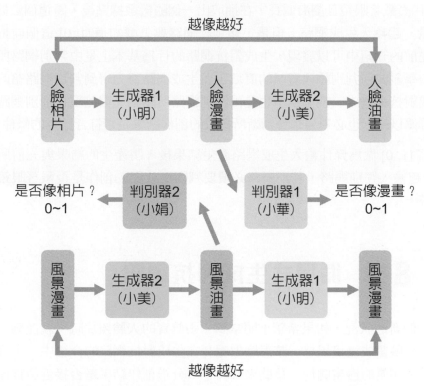

◈圖 8-12　循環式生成對抗網路（CycleGAN）的架構

8-5 漫畫人臉生成

透過小明和小華一起成為漫畫家組合的故事，我們學習了基本的生成對抗思想及生成對抗網路，接下來要介紹利用生成對抗網路來進行漫畫人臉生成的真實成果。

圖 8-13 是生成對抗網路所生成的結果，我們可以發現生成對抗網路所生成的全彩漫畫人臉可以做到非常好看，甚至媲美專業級的水準。

◈圖 8-13　生成對抗網路所生成的結果
（資料來源：https://arxiv.org/pdf/1708.05509.pdf）

8-3 節介紹過條件式生成的方法，如果我們將潛在空間中所抽取的隨機向量固定，只更動條件向量，所生成的不同結果如圖 8-14 所示。

◈圖 8-14　固定隨機向量並更動條件向量所生成的結果
（資料來源：https://arxiv.org/pdf/1708.05509.pdf）

觀察圖 8-13 和圖 8-14 可以發現，條件式生成對抗網路經過訓練後會有特定的行為。如果固定隨機向量，那麼所生成的漫畫人臉，輪廓、臉的方向、位置都非常相似；如果改變條件向量，則會造成一些比較明顯的性質改變，包括髮色、髮型、眼睛大小、瞳孔顏色、嘴形等。因此，圖 8-14 中的每一個人臉的輪廓、臉的方向和角度、位置都差不多，但髮色、髮型、眼睛大小和顏色、嘴型等卻有差異。

　　若是反過來操作，固定條件向量並改變抽取之隨機向量，會有什麼效果呢？

　　圖 8-15(a) 指定的條件向量為金髮、雙馬尾、髮帶、紅色瞳色、腮紅、微笑，當隨機向量改變，生成網路所生成的每一個人臉都符合上述條件，但輪廓、臉的方向和角度卻有些許不同。圖 8-15(b) 指定的條件為銀髮、長髮、腮紅、微笑、開嘴、藍色瞳色，同樣地，當隨機向量改變時，生成的每一個人臉都符合指定的條件，但髮型、臉的方向和角度、嘴巴張開的大小卻不太一樣。

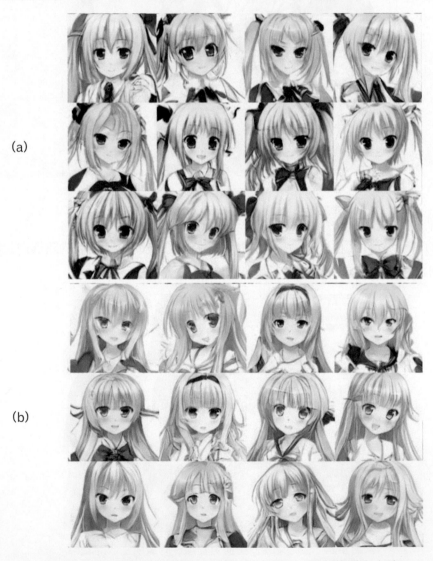

(a)

(b)

◈圖 8-15　固定條件向量並改變抽取之隨機向量所生成之人臉
（資料來源：https://arxiv.org/pdf/1708.05509.pdf）

8-6 相片生成

除了漫畫風格的人像生成以外，對抗生成網路也同樣能夠應用在相片的生成。我們一樣可以使用條件式生成對抗網路的技術，指定一些臉部的特徵，讓類神經網路生成符合特徵的人臉相片。

圖 8-16 中有 4 個人臉，你看得出來哪些是真實的相片，哪些是由類神經網路所生成的嗎？

☷圖 8-16　條件式生成對抗網路生成之結果
（資料來源：https://arxiv.org/pdf/1711.11585.pdf）

你看出來了嗎？每一組圖片中，左邊的圖是真實的相片，而右邊的圖是由類神經網路所生成的相片。在每一組圖片的左下角有一個包含五官的臉部輪廓圖，圖 8-16 兩組圖片中幾可亂真的右圖都是生成對抗網路透過這個簡單的臉部線條輪廓而生成的人臉相片。

臉部的特徵也能夠做細微的調整，在圖 8-17 的四組圖中，每一組圖由左而右看，分別是：(a) 由年輕轉換到年老；(b) 由年老轉換到年輕；(c) 由男性轉換到女性；(d) 由女性轉換到男性。我們可以經由調控給定的條件資訊數值，讓類神經網路產生對應的結果，條件資訊的強度也會造成生成結果對應條件的反應程度。

◈ 圖 8-17　調控給定的條件資訊數值，讓類神經網路產生對應的結果

（資料來源：http://papers.nips.cc/paper/7178-fader-networksmanipulating-images-by-sliding-attributes.pdf）

接下來，我們觀察同一張原圖對應不同條件所產生的不同結果。在圖 8-18 中，圖 (a) 是原始的圖片，圖 (b) 至圖 (f) 分別是調控了性別、戴眼鏡、眼睛大小、年紀、嘴巴開合等不同的給定條件所得到的生成結果。

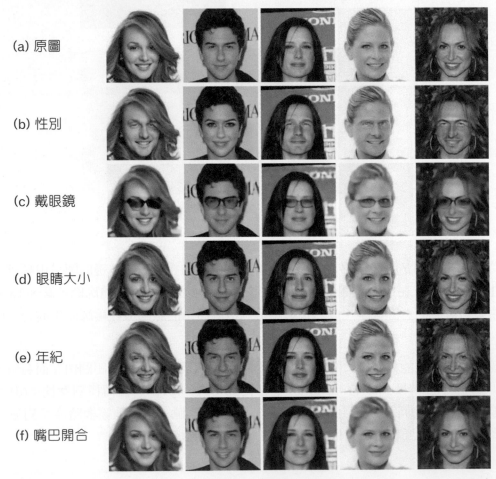

◈ 圖 8-18　原圖與給定不同的條件所生成的結果之對照

（資料來源：http://papers.nips.cc/paper/7178-fader-networksmanipulating-images-by-sliding-attributes.pdf）

　　如果類神經網路生成的不是人臉，而是其他東西呢？請觀察圖 8-19 的相片，判斷哪些是真實的相片，哪些是由類神經網路所生成的。

◎ 圖 8-19　類神經網路生成的相片（資料來源：https://arxiv.org/abs/1809.11096）

你看出來了嗎？其實圖 8-19 中所有的相片都是由類神經網路所生成的結果！你可能會認為，在前面的漫畫風格人臉生成以及真實人臉生成的例子裡，每張圖片大小固定、人臉的位置也都差不多。相較之下，若要生成包含不同物體的相片，難度似乎高出許多。但是從 2018 年 9 月的最新研究成果（https://arxiv.org/abs/1809.11096）可以知道，這個模型能夠生成非常多種物種的相片，我們在圖 8-19 只擷取了三組圖片、九種物種的生成範例。

不管是哪一種物種，生成對抗網路都可能生成出幾可亂真的相片，無論是相貌、動作、背景或是光影效果，都能夠達到非常擬真的成果。

 8-7 本章小結

在本章節中，我們介紹了現今在機器學習領域中最火紅的生成模型「生成對抗網路」的概念以及各式變種。生成對抗網路能夠生成幾可亂真的資料，在本文中我們舉了使用這個技術產生相片和漫畫作為例子，但這個技術有更多的應用，例如可以讓機器產生文句、產生語音、產生音樂等等，這種能力也讓生成對抗網路在諸多領域的應用中獲得大量的關注。在創作 AI 這個領域，本章只介紹了「生成對抗網路」這個技術，實際上這只是創作 AI 的冰山一角，其他技術例如：**變分自編碼器**（Variational Autoencoder，簡稱 **VAE**）、**自回歸模型**（autoregressive model）、以**流為基礎的生成模型**（flow-based generative model）等等，就留給大家自己去探索了。

 動手操作看看吧！互動平台：https://ai.foxconn.com/textbook/interactive

CH **09**

沒有最好只有更好

強化學習

吳信輝 富士康工業互聯網學院副院長

本章架構

FOXCONN Ai

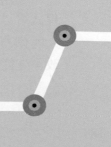

在生物學的領域中，基因透過物競天擇的方式進行演化，基因會去適應環境的變化，生物體在其生命過程中也會透過展現層次不同的方法來學習，即使昆蟲也有族群生存的法則存在。較高等的生物會透過不同的方式學習，人類身為智慧最高的生物，當然也會藉由經驗的累積來學習各種行為和知識。

1950 年代，人工智慧的領域開啓以來，科學家們便想著把學習的機制融入到計算機的架構之中。當時，由於人類對於生物學、神經科學的了解與技術水準還在啓蒙階段，計算機的技術才剛起步，所以當初的「學習」，簡單地說，就是想要把人類不好的經驗丟棄，把好的經驗歸納起來，變成計算機可以處理的程式。這個潮流從 1950 年代發展到 1970 年代，當計算機的技術較為發達之後，就出現了**專家系統**（expert system），如圖 9-1 所示。雖然當時專家系統因為造價太過於昂貴而沒有變成主流，但是，利用程式協助人類處理重複性的工作，卻漸漸變成趨勢與潮流。與此同時，心理學家與計算機科學家依然努力思考著，有沒有一種讓機器能夠自動學習的機制或是演算法。

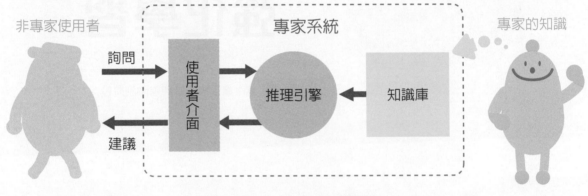

非專家使用者　　專家系統　　專家的知識

詢問　→　使用者介面　→　推理引擎　←　知識庫

建議　←

⊗圖 9-1　專家系統示意圖

1980 到 1990 年代，計算機技術更加發達之後，個人電腦愈來愈普及。個人電腦除了在辦公場域開始大量被運用之外，電腦遊戲的發展也帶動了模擬自動學習的程式出現，這樣的程式稱為**遊戲人工智慧**（Game Artificial Intelligence，亦即 **Game AI**）。遊戲人工智慧主要是將一些遊戲中的角色根據人類的經驗加以規則化，藉此在遊戲中模擬出類似人類行為的角色，同時將這些規則模組化，又稱為遊戲人工智慧引擎。

 9-1　強化學習的背景：心理學行為主義 ◀

利用程式協助人類處理重複性的工作，好處在於可以將很多重複性的工作自動化。程式可以幫忙做很多事情，基本上都是人類知識的精華轉化成程式。大部分的程式是由人所撰寫出來的，但這也是程式自動化的侷限。當資料改變的時候，程式就必須隨之修改，才能讓程式繼續工作。

　　機器學習演算法在目前相當實用，但是我們能不能讓機器學習的演算法「自動學習」呢？在機器學習演算法中，機器學習的模型經過訓練階段與驗證階段之後，就可以投入實務中。若是場域或資料有變動的話，就需要機器學習工程師重新訓練模型，經過驗證之後再重新投入實務中。這樣看起來，依然無法達到自動學習的目標。因此，人工智慧相關領域的科學家們開始參考生物中所具有的自動學習機制，試圖從中找出能應用在計算機、電腦的程式中的一些東西，而心理學領域中的**行為主義心理學**（Behavioristic Psychology）就是專注在學習的相關研究主題上。

　　行為主義心理學中有一個很有名的實驗——巴夫洛夫的狗（Pavlov's Dog）。俄國心理學家巴夫洛夫（I. Pavlov）在研究狗的進食行為時，進行了一項實驗。實驗中，當研究人員拿食物餵狗時就同時搖鈴，狗因為看到食物便開始流口水。每次狗看到食物就會聽到鈴聲，久而久之，狗只要聽到鈴聲，就算沒有看到食物也會流口水。我們說這隻狗被「制約」了。

◈圖 9-2　巴夫洛夫的狗實驗示意圖

　　如圖 9-2 所示，狗看到食物就會自然引發流口水的反應，稱為**非制約反應**（unconditioned response），此時的食物是**非制約刺激**（unconditioned stimulus）。實驗開始之後，起初狗聽到鈴聲並不會有反應（不會因為鈴聲而流口水），此時，鈴聲算是一個中性、無關的「刺激」。隨著實驗次數增加，即使沒有看到食物，狗聽到鈴聲還是會流口水，這個反應稱為**制約反應**（conditioned response），此時，鈴聲就是引起制約反應的**制約刺激**（conditioned stimulus）。

根據這個實驗發現，巴夫洛夫提出了**古典制約作用**（classical conditioning），其中有一個基本現象稱為**類化**（generalization），意思是說，當條件反射一旦確立，其他與最初條件刺激類似的刺激也可以引起條件反射。「一朝被蛇咬，十年怕草繩」就是類似的例子，人們見到蛇會感到害怕，可能是以往曾有被蛇咬過的經驗而建立起條件反射，因為草繩乍看之下很像蛇，就形成了條件刺激，因此，看到和蛇很類似的草繩也會引起條件反射，讓人產生害怕的感覺。

下一節要探討的強化學習，就是以制約刺激為基礎，以獎勵的刺激來鼓勵正向的行為，以懲罰的刺激來減少負面的行為。

 9-2 強化學習概論與 Q-learning

強化學習概論

強化學習（reinforcement learning，簡稱為 **RL**）是機器學習中一個新的類型，與前面幾章學到的監督式學習和非監督式學習都屬於機器學習的範疇（圖 9-3），也有科學家把強化學習歸類在人工智慧的領域中。強化學習以心理學的行為主義理論為基礎，強調學習的架構是在環境給予的獎勵或懲罰的刺激下，逐步形成對獎勵或懲罰刺激的預期，然後產生能獲得最大利益的判斷方法，也就是強化學習的演算法。

◈圖 9-3　機器學習的類型

在強化學習中，機器（或電腦）被稱為**代理人**（agent），因為強化學習希望機器模仿人類的學習行為。代理人跟環境發生交互作用，代理人從環境中獲取**狀態**（state），並決定自己要做出的反應或**行動**（action），環境會依據所定義的反應給代理人**獎勵**（reward）。獎勵有正向和負向之分，代理人再根據正向或負向的獎勵重新更新自身的演算法。強化學習的基本架構如圖 9-4 所示。

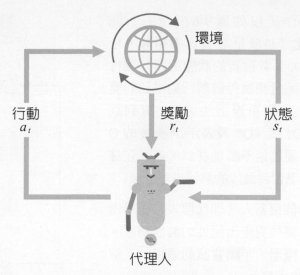

行動
a_t

獎勵
r_t

狀態
s_t

環境

代理人

◈ 圖 9-4　強化學習的基本架構

⟫⟫⟫ Q-learning

華金斯（Chris Watkins）在 1989 年提出 Q-learning 的核心思想原型。Q-learning 是強化學習中的一種演算法，是從行為主義的學習理論啟發而來。華金斯當時提出記憶矩陣 $W(action, state)$ 的概念（記為 $W(a, s)$），記憶矩陣記憶了強化學習中代理人以往的經驗，當有新的外部刺激 s' 時（亦即接收到下一個狀態時），代理人會產生對應的條件反射而採取行動 a，然後計算新的外部刺激 s' 所帶來的改變 $v(s')$，再去更新記憶矩陣 $W(a, s)$。記憶矩陣的概念可以表示為式 9-1。

$$W'(a, s) = W(a, s) + v(s') \qquad (9\text{-}1)$$

其中，$W(a, s)$ 表示目前狀態的記憶矩陣，$W'(a, s)$ 表示下一個狀態更新後的記憶矩陣，$v(s')$ 表示下一個狀態帶來的改變。

$W(a, s)$ 就是 Q-learning 演算法中的 **Q 表**（Q-table）。Q 表的組成元素包括狀態和行動，**列**（row）為**狀態**（state），**行**（column）為**行動**（action），針對每個狀態採取行動後得到的獎勵值（reward）填入狀態與行動對應的欄位，就形成了一個 Q 表，如圖 9-5 所示。

	action 1	action 2
state 1	0	10
state 2	10	0
state 3	0	10

(a)

$$Q = \begin{array}{c} \\ 1 \\ 2 \\ 3 \end{array} \begin{array}{cc} \overset{action}{} & \\ 1 & 2 \\ \left[\begin{array}{cc} 0 & 10 \\ 10 & 0 \\ 0 & 10 \end{array}\right] \end{array}$$

state

(b)

◈ 圖 9-5　將圖 (a) 的狀態－行動表轉換成圖 (b) 的 Q 表

Q-learning 的運作流程如圖 9-6 所示。一開始，先將 Q 表**初始化**（也就是 Q 表為**零矩陣**，矩陣中所有數值皆為 0），針對新的狀態選擇一個行動並執行行動，接著，量測執行這個行動得到的獎勵，再去更新 Q 表。不斷重複這些過程，直到訓練結束，得到一個 Q* 表（Q* 表表示訓練後的 Q 表）。強化學習就是要透過不斷地嘗試，並且在嘗試錯誤的過程中記憶學習到最佳的解決方案。

現在，假設有一個機器人（即代理人）在屋內的房間隨意走動，它要找到走出屋外的最佳路徑。我們以此為例，透過機器人不斷嘗試的過程，了解 Q-learning 演算法的基本概念。

圖 9-7 是這間房子的簡圖，總共有 5 個房間，分別編號為①到⑤，編號⑥為屋外。

在②號房間時，會看到兩扇門，一扇門可以直接走到屋外（圖 9-7 中編號⑥的位置），也就是達成目標，另外一扇門會通往④號房間。

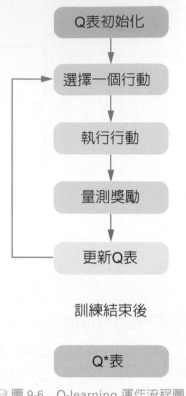

訓練結束後

❀圖 9-6　Q-learning 運作流程圖

在①號房間時，只看到一扇門，所以只有一個選擇，只會通往⑤號房間。

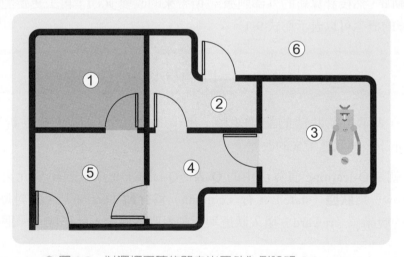

❀圖 9-7　以選擇正確的門走出屋外為例說明 Q-learning

以強化學習的概念來說，一開始機器人可以做多次的嘗試，來記住該怎麼走才是最佳路徑。例如，在②號房間的時候，如果選擇走出屋外就會得到一個獎勵，如果走到④號房間則沒有獎勵，這麼一來，為了要得到獎勵，機器人就會記住要走哪一扇門比較好。

　　轉換到電腦、演算法和程式，則必須先將強化學習中的環境狀態與行動定義清楚。如圖 9-7，先將每一間房間與屋外分別定義成一個狀態（s_t），所以每個房間都給它一個編號，再將移動的過程變成一個行動（a_t）。接著，以如圖 9-8 的「狀態－行動」圖來表示，圓圈代表狀態，帶箭頭的線條表示從某個狀態到另一個狀態的行動。

◈ 圖 9-8　狀態－行動圖範例

　　以處在④號房間爲例，④號房間有 3 個門，分別通往②、③、⑤號房間。將圖 9-7 的房間配置圖轉換成狀態－行動圖，如圖 9-9(a) 所示。接著，設定若路線（即採取的行動）可走到屋外（亦即達成目標）可以得到 100 分的獎勵，若未通往屋外則得到 0 分。另外，每個門都是雙向的，可以從一個房間走出或走進另一個房間，也可以走出屋外，或從屋外走進屋內，所以雙向的每一條路線也都有獎勵分數。從圖中可知，②號房間和⑤號房間都可以直接走到屋外，所以從這兩個房間往屋外走的行動② to ⑥和行動⑤ to ⑥的獎勵都是 100 分，行動⑥ to ⑥的目的地也是屋外，所以也可以得到 100 分的獎勵。其他的行動在開始的時候都沒有獎勵，得分爲 0。我們把每一個行動的獎勵分數都標註上去，如圖 9-9(b) 所示。

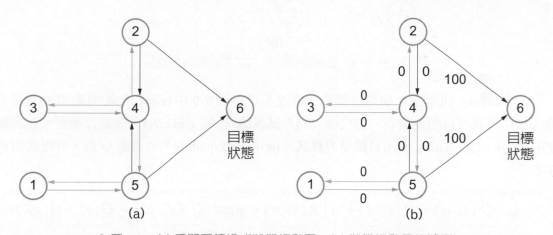

◈ 圖 9-9　(a) 房間圖轉換成狀態行動圖；(b) 狀態行動圖的獎勵

　　假設以③號房間爲起始點，目標是走到屋外，亦即完成點是編號⑥，則圖 9-10(a) 的房間配置圖轉換成狀態－行動圖如圖 9-10(b) 所示，行動將從狀態③開始，於狀態⑥結束。

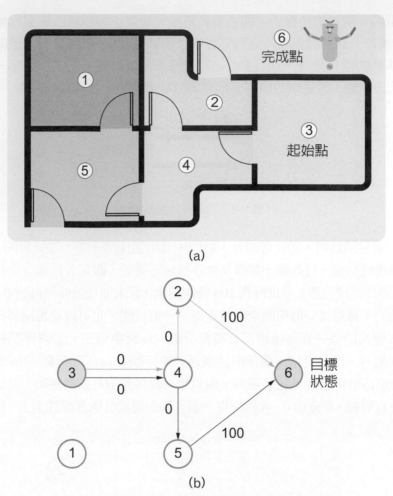

(a)

(b)

圖 9-10　Q-learning 範例之起始點與完成點

　　Q-learning 利用強化學習的概念，會逐步更新圖 9-9 中各個行動的獎勵值，使其不是 0。這時候可以想像成有一個代理人利用**試誤法**（trial and error）來進行學習，在訓練的過程中，Q-learning 使用**貝爾曼方程式**（Bellman Equation）去更新 Q 表，方程式如式 9-2。

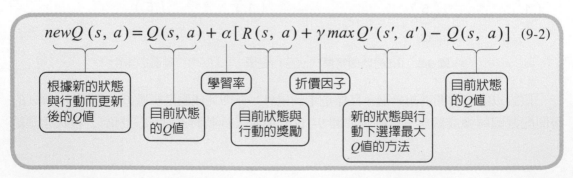

$$newQ\,(s,\,a)=Q\,(s,\,a)+\alpha\,[\,R\,(s,\,a)+\gamma\,max\,Q'\,(s',\,a')-Q\,(s,\,a)\,] \quad (9\text{-}2)$$

根據新的狀態與行動而更新後的Q值　目前狀態的Q值　學習率　目前狀態與行動的獎勵　折價因子　新的狀態與行動下選擇最大Q值的方法　目前狀態的Q值

　　如果對這個範例中使用貝爾曼方程式更新 Q 表的過程有興趣的話，可以參閱附錄的說明。

170

Q-learning 在大部分的實際應用中，情況會複雜許多，因為狀態更多，行動也更複雜，要用一張表來一步一步計算是不可能的事，所以大部分的 Q-learning 或是強化學習的演算法都需要程式的協助，才能實現複雜的運算與更新過程。

9-3 其他強化學習的例子

強化學習很適合應用在可以試誤的環境之中，例如本章開頭提到的遊戲人工智慧。原本遊戲人工智慧裡的規則都是透過程式設計師的經驗歸納出的各種反應規則，如今已經可以利用強化學習的演算法、程式及相關的軟體套件去訓練遊戲中的主角、對手等。例如，把強化學習應用於雅達利（Atari）的遊戲機上，機器經過學習訓練後，可以和人類玩打磚塊、射擊遊戲……等。另外，開發人工智慧圍棋軟體 AlphaGo 的 DeepMind 公司，也開發了相關的強化學習演算法，應用在即時戰略遊戲星海爭霸 II（StarCraft II）上，讓人工智慧與人類玩遊戲。

以下，我們以 Flappy Bird 這個遊戲為例，說明強化學習如何應用到遊戲上。

Flappy Bird 的主角是一隻小鳥，牠的目標是要通過一連串的水管區，上排和下排的水管之間有間隙，在通過的過程中，小鳥需要拍打翅膀往上，否則就會往下掉，當小鳥掉到地上或是碰到水管的時候，遊戲便宣告結束。這個遊戲是以通過水管的數量多寡來計分。圖 9-11 是 Flappy Bird 的遊戲示意圖，當我們在玩這個遊戲時，會根據小鳥距離下一根水管的遠近（如圖中的 X）及目前小鳥與下一根水管的高度差（如圖中的 Y），來決定小鳥是否要拍打翅膀。對人類來說，這些判斷可以經由玩遊戲的過程逐次學習。

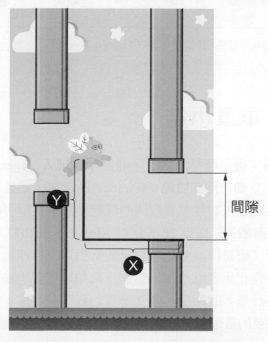

間隙

圖 9-11　Flappy Bird 遊戲示意圖

我們可以將上面提到的兩個屬性 X 和 Y 轉換成特徵後再做分類，如圖 9-12 所示，利用深度學習的神經網路進行分類後，可以知道與下一根水管水平距離（X 值）多遠的地方，以及目前的高度與下一根水管的高度差（Y 值）是多少時，小鳥應該拍動多少次翅膀。我們可以根據這個分類結果進行強化學習，便可以逐漸歸納出與下一根水管水平距離及高度差是多少的時候，應該要拍動多少次翅膀，才能通過上下排水管中間的間隙。

Flappy Bird 是一款 2013 年 5 月發布在 iPhone 平台上的遊戲，被下載的次數超過 5000 萬次。但因為遊戲爆紅，而被某些媒體質疑下載次數作假，因此開發者在 2014 年 2 月便將這款遊戲下架了。不過，由於這款遊戲很好玩，所以網路上有很多類似的遊戲，有興趣的話，可以去玩玩看。

人工大腦之神經網路架構

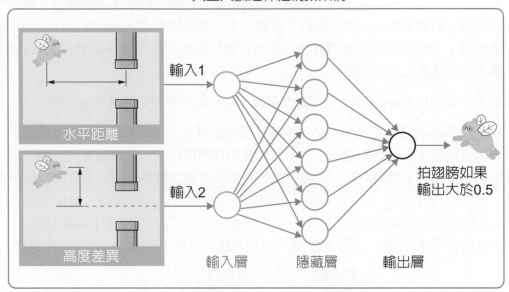

◈ 圖 9-12　利用深度學習神經網路的 Flappy Bird 飛行位置分類架構示意圖

 ## 9-4　本章小結

　　強化學習引用行為主義心理學的概念，建立了**代理人**（agent）透過**行動**（action）與**環境**（environment）互動而得到**獎勵**（reward）的機制，並且經過不斷地訓練，逐步更新其學習函數。在某些人工智慧需要解決的問題上，強化學習的運用很成功，例如遊戲人工智慧、棋類對弈遊戲等。像是 2016 年的 AlphaGo 和 2017 年的 AlphaGo Zero，已經可以擊敗人類棋手了。但是目前強化學習只能針對單一特殊領域做學習，當整個問題或是領域變換的時候，強化學習就凸顯出它無法跨領域學習的缺點，因此，每當遇到新的問題時，就要重新設計學習的架構。強化學習的概念並不難，但是從本章的說明與範例，會發現強化學習需要的數學概念較艱深，其複雜的程度也並非一下子就可以了解。

在 Q-learning 的範例中介紹的 Q 表，代表了強化學習需要不時去監控整體情況與可能的改變，甚至看到下一步、下下一步的可能性，也就是機率的概念。因此，要學習強化學習，必須學好機率學。再者，我們也發現 Q 表會隨著行動的變化逐步改變與更新，然後計算獲益最大的可能性，這些就需要研讀機率學中的**馬可夫鏈**（Markov chain）及**馬可夫程序**（Markov process）。

強化學習除了要具備足夠的數學基礎之外，由於其過於複雜，強化學習的流程幾乎無法利用幾張白紙就實作或演繹出來，因此，大部分強化學習的實作都需要藉由**程式**來實現。目前比較容易實作強化學習的程式語言有 Java 和 Python 等，Java 可以使用 Deeplearning4j 再加以整合，而 Python 可以使用深度學習的套件，例如 TensorFlow、Keras、MXNet、PyTorch 等。

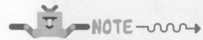

對實作強化學習有興趣的話，可以連結下列網站，取得各種套件：
Deeplearning4j：https://deeplearning4j.org/
TensorFlow：https://www.tensorflow.org/api_docs/python/
Keras：https://keras.io/   MXNet：http://mxnet.io   PyTorch：http://pytorch.org

如果你覺得強化學習很有趣，而且有編寫相關程式的基礎，也可以到 OpenAI 去了解有關強化學習的新知，驗證強化學習的相關概念，並體驗強化學習的趣味性。另外還有 OpenAI Gym，提供了對強化學習有興趣的人一個測試強化學習演算法的環境，省下自行搭建強化學習測試環境的時間。OpenAI Gym 有一些有趣的專案，例如木棒台車平衡問題和太空侵略者射擊遊戲。

OpenAI 是一個用 Python 來進行程式實作的英文網站，網址是 https://openai.com/。

木棒台車平衡問題（Cart-Pole System）是一個知名的 Q-learning 例子，給定木棒的角度和台車位置以及這兩者的變化量，決定讓台車向左或向右來平衡木棒（如圖 9-13）。

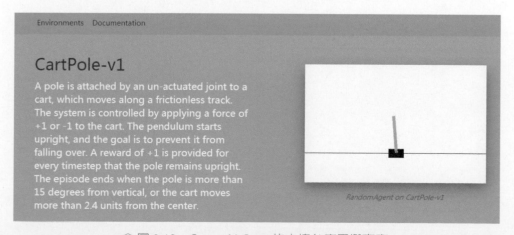

圖 9-13　OpemAI Gym 的木棒台車平衡專案

太空侵略者（Spave Invaders）是一個利用圖像識別去學習電玩遊戲規則的專案，必須對於圖像的識別有一定程度的了解（如圖 9-14）。

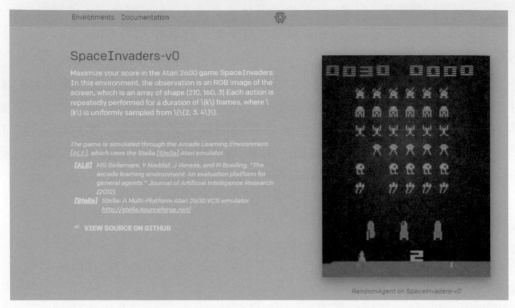

圖 9-14　OpemAI Gym 太空侵略者專案

OpenAI Gym 是一個提供許多強化學習測試環境的工具，網址是 https://gym.openai.com/。
木棒台車平衡問題：https://gym.openai.com/envs/CartPole-v0
太空侵略者射擊遊戲：https://gym.openai.com/envs/SpaceInvaders-v0

　　強化學習是人工智慧領域中一個非常有趣也很有未來性的研究主題，這個主題一定是往後人工智慧領域繼續發展的重要基礎，有興趣的話，可以好好鑽研強化學習，不要錯過個趨勢。

CH **10**

未來世界

高虹安 鴻海科技集團工業大數據辦公室主任

本 章 架 構

10-1　八大生活應用
10-2　工業人工智慧
10-3　本章小結

FOXCONN® Ai

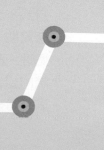

有關於未來世界的想像，我們可以在很多科幻電影中看到，像是機器人、自動駕駛汽車等等。如圖 10-1，1977 年的星際大戰（Star Wars）系列電影中 R2-D2 與 C-3PO 栩栩如生的表現，以及 1982 年的美國影集「霹靂遊俠（Knight Rider）」中夥計（李氏企業 2000 型，K.I.T.T. Knight Industry Two Thousand）出神入化的自動駕駛飛車特技，都是來自於對未來的想像。如今，這些當年的未來想像科技，一步一步地變成了真實的產品，逐漸走入我們的生活之中。

Photographer：Daniel Dionne

◈ 圖 10-1　電影及影集對未來世界的想像
（圖片來源：https://www.flickr.com/photos/mrzeon/5613662479/
https:// kisspng-c-3po-r2-d2-star-wars-the-clone-wars-bb-8-k-2so-5af3bfce7a9ef0.7491569515259237905023）

　　回顧前面幾章的內容可以發現，人類自遠古以來到現在的生活模式，大概都是從起床之後就一直在接收外界的資訊，人們不斷地分析、判斷，然後進行決策。判斷並決定怎麼狩獵、怎麼耕作、怎麼進入工業生活、怎麼利用電腦幫我們處理訊息與分析……等等。從生物學的角度來說，生物學家認為人類因為腦的容量與使用的程度是現今所有生物中最高的，所以可以把很多搜集到的資訊轉換成經驗與知識，一代一代地傳承下去。因此，從人類發展史上，我們看到人類雖然在體型和體能等等生物外在條件上，並不像獵豹或羚羊那般快的速度，也沒有像獅子或老虎一樣可以把獵物撕裂的牙齒，但是人類卻可以透過工具與知識的使用，完成狩獵的任務，甚至發展到之後的農業時代與工業時代。

　　　　　　　　　從人類發展史來看，人類日常的工作可以大致分成兩種，一種是需要較多勞力的工作，另外一種是需要較多腦力的工作。

　　某些勞力的工作需要判斷所接收到的資訊，比方說卡車駕駛員、工廠裝配線的作業員等，這些任務和工作原本需要靠人們以自己的力量完成，可能全部都是依賴人類手動的方式，也可能有部分經由機器的輔助。如今，這些工作全部都可以透過機器和電腦的協助來幫助人們完成，例如：停車場自動車牌辨識、垃圾郵件辨識等等。辦公室裡的一些文書處理、表單審核的工作，也可以透過程式，批次化地一次處理。工廠生產線中很多重複、危險的組裝和搬運工作，都可以藉由機器人與程式來自動完成。還有一些需要靠人類的眼睛來進行判斷的工作，如今也可以利用機器來實現。

人類從事勞力的工作，最大的問題在於人類或生物工作一段時間之後會感覺疲勞，而疲勞會降低對四周環境的觀察力、頭腦接收資訊之後的整理力與最後做決定的判斷力。很多生活中的意外事件，都是因為疲勞所導致的。因此，發展人工智慧技術的第一首要任務就是「解決人類或生物會疲勞的問題」，因而發展出自動駕駛、自動語音識別等技術。其次，現在的資訊科技越來越發達，資訊的流通更為快速，生活中接收到的資訊也越來越多，有些已經超出了人類能處理及記憶的範圍。有些人的行程多到需要利用行事曆來協助，就需要現今應用人工智慧技術所開發的數位行事曆軟體，它不但可以自動安排行程，還能根據個人的偏好，聰明地避開衝突的時段。由於這些工具的協助，使得人類的生活不會因為繁重的課業或工作而將休閒的時間浪費掉。

什麼是便利的生活呢？你想像中便利的生活是什麼樣子？你對未來生活有什麼幻想？其實，我們可以這樣說：「未來的世界，就是搜集與應用大量數據進行智慧的分析與建議，產生各式各樣智慧的應用，讓生活更健康、更安全、更美好。」（如圖 10-2）

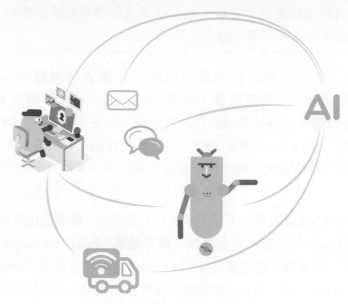

◈圖 10-2　未來世界的想像架構圖

本書的發行人郭台銘先生結合四十年科技製造業的經驗，以及他對於資訊科技和技術深刻的了解與高瞻遠矚，提出了「八大生活」的概念，同時，規劃出「雲、移、物、大、智、網＋機器人」的經營戰略方向，並以「工業人工智慧」為目標，以大數據分析與人工智慧技術深化既有的精密製造優勢，精進生產效率，提升附加價值。利用物聯網所獲得的大量數據進行分析與應用，協助人們處理日常瑣事、決定高階決策。這些大量的數據都要透過網際網路（或稱為互聯網）、雲端運算等，在我們的手機（亦即行動終端）上呈現，也是在生活面實現了上述「雲、移、物、大、智、網＋機器人」的概念。

10-1 八大生活應用

　　以下我們將說明人工智慧技術如何應用在工作、教育、娛樂、智能家庭／社交、安全、健康／醫療、財產交易採購、循環環保／交通安全車聯網等八大生活中。

>>> 工作生活

　　每個人長大之後都會去工作，白天最精華的時段都奉獻給工作，對於公司而言，最在乎的就是是否有獲利。資訊科技的發達對工作生活的改變非常巨大，以會計記帳來說，原本以紙筆記帳的會計流程不但耗費時間也容易有遺漏資料的風險，計算及統計起來頗為費時費力。

　　自從 1990 年代有了電子化的辦公室軟體之後，不論是製作文件、文書、公文，還是會計與財務統計，都不是難事了。同時，公司將流程資訊化之後，整個作業流程處理的時間變短，工作效率提高，公司的利潤也提升了。

　　2000 年以後，公司企業的管理層中出現了**企業資源規劃**（Enterprise Resource Planning，簡稱為 **ERP**）、**商業智慧**（Business Intelligence，簡稱為 **BI**）、**資料探勘**（data mining）等軟體，這些軟體讓公司的決策與反應更加快速。同時，在公司企業的執行層，**電子郵件**（e-mail）的普及，讓公司成員在資訊交換與溝通上的時間縮短。經過十幾年來的發展，這些資訊化的應用已經深入到公司企業中，而辦公室軟體也變成不可或缺的主力。

　　近年來，公司與企業朝著更全面、更快速的方向前進，軟體的應用也愈加廣泛，更強調**協作**（collaboration）的功能。舉例來說，**即時通訊**（Instant Messaging，簡稱為 **IM**）軟體 Line 和 Slack、行事曆、專案管理工具 Trello、遠端會議系統 Zoom 和 Skype 等，大量地運用在公司的日常運作之中，這些軟體與應用程式使用人工智慧技術進行智慧化的協助，例如：Slack 中的對話機器人，就是利用**自然語言處理**（NLP）技術協助 Slack 的群組管理者自動回答一些常見的問題。智慧型的工作生活之架構如圖 10-3 所示。

Slack 是一款即時通訊軟體，跟 Line 不同的是，Slack 主打讓「團隊」使用的通訊平台服務。在 Line 的群組裡，群組成員都享有一樣的發言權利和相同的檔案下載的權利。而 Slack 會依據企業中各種職位的層級，對群組中的檔案進行管控，一般員工絕對看不到總經理才能看到的公司營運文件。Slack 除了具備基本即時通訊功能外，也提供完整的團隊溝通工具集供企業使用，美國太空總署（NASA）噴射推進實驗室（Jet Propulsion Laboratory）與許多大企業都採用 Slack 作為團隊溝通工具。

◈圖 10-3　智慧型的工作生活

　　工作生活中的一項典型應用，就是所謂的「智能辦公室」，其目標就是要將辦公室中的工作和會議過程，包括說的和寫的，透過數位化與人工智慧技術，達成影像、聲音、文件的全紀錄。同時，透過人工智慧最佳化演算法，自動形成工作分派及工作追蹤表單。例如：利用語音辨識搭配自然語言處理自動分析每一位會議成員所發表的意見，自動摘要寫成會議紀錄，而討論書寫的文件也可以透過影像識別的方法，擷取出文字做成重點分析，並且依據參與人員的重要程度，分級分類發送相關會議結論與行動計畫給與會的成員，同時產生工作進度追蹤報表，定期檢核工作進度。其架構如圖 10-4 所示。

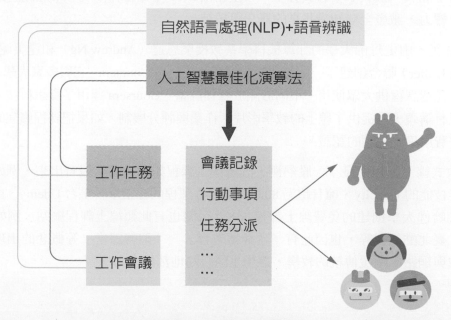

◈圖 10-4　智能辦公室架構

≫ 教育生活

　　隨著資訊科技的發達與網際網路的普及,許多教育資源都可以透過網路免費取得。舉例來說,如果我們想要學習有關橢圓的概念,可以透過 YouTube 找到非常多的教學影片。如果想要找一個家教老師,除了可以透過網路來尋找之外,若不想讓家教老師舟車勞頓的話,也可以在線上進行教學與討論(圖 10-5)。近來,利用**直播**與**擴增實境**(augmented reality,簡稱為 **AR**)及**虛擬實境**(virtual reality,簡稱為 **VR**)的虛擬技術來增加學習趣味性的學習方式也應運而生。

≋ 圖 10-5　線上家教示意圖

　　開放式課程(Open Course Ware,即 **OCW**)的誕生,讓許多學子透過網路享受到大學名師的課程。開放課程計畫是 1999 年美國麻省理工學院(MIT)於教育科技會議上提出的知識分享計畫,其內容主要是將大學高品質的教材與資源整理成數位教材,無償地在網路上開放,供大眾學習與分享,希望藉由 MIT 本身當作示範,增加開放式課程的範圍和影響力,激發全球**知識共享**的概念與精神。

　　2012 年,由史丹佛大學的計算機科學系教授吳恩達(Andrew Ng)和達芙妮・科勒(Daphne Koller)聯合創建了一個營利性的教育科技公司 Coursera。它與多家大學合作,建立線上的免費課程供大眾使用。不同於開放課程計畫,Coursera 運用了資訊科技,讓線上課程不只有講義,還提供了線上的教學影片、作業與評分機制。如果把課程修完的話,還能以少許費用獲得名師的認證。

　　開放式線上課程引發了一股熱潮,許多線上課程如雨後春筍般冒出來,例如:專注培育工作技能的 Udacity、擁有超過 80,000 個影片課程的線上學習平台 Udemy、由麻省理工學院和哈佛大學創建的免費線上課程 edX。台灣也有此類線上課程網站,例如 Hahow 好學校、臺北酷課雲等,也因此有了「翻轉教育」、「翻轉課堂」等概念的出現,利用資訊科技與網路,顛覆傳統的教學,讓學生隨時隨地都能主動學習。

NOTE

對開放式課程或線上課程有興趣的讀者，可瀏覽下列網站：
MIT 開放式課程：https://ocw.mit.edu　　　　　Coursera：https://zh-tw.coursera.org/
Udacity：https://www.udacity.com/　　　　　　Udemy：https://www.udemy.com/
edX：https://www.edx.org/　　　　　　　　　臺北酷課雲：http://cooc.tp.edu.tw/
Hahow 好學校：https://hahow.in/

　　在教育生活中，透過資訊科技的協助，教育的方式已經全然改變。現在我們不必擔心有沒有合適的教育資源，反而要思考在這麼多的教育資源中，學生要如何有效地學習。試想，無論是以往或現在，你是怎麼安排學習計畫的？你怎麼知道目前正在學習的某個科目學習成效如何？是否有可能利用人工智慧技術進行專屬於某個人的學習計畫呢？

　　在不久的將來，透過人工智慧技術，將學生的學習行為、學習歷程全面性地記錄下來，可以達成學習全紀錄。同時，透過人工智慧分析演算法來評量學習成效，並利用人工智慧最佳化演算法替學生制定出一套有效的學習計畫。其架構如圖 10-6 所示。

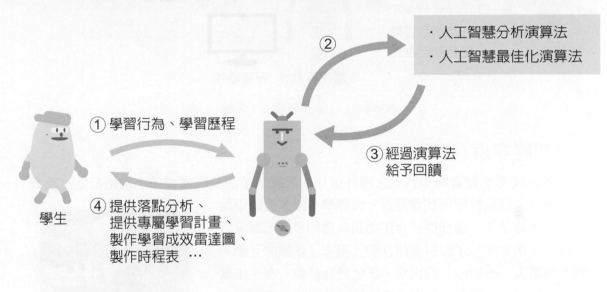

◈ 圖 10-6　智慧教育架構

▶▶▶ 娛樂生活

　　娛樂生活在資訊科技的推波助瀾下，人們已經不需要在某個固定的時段才能收看某個電視節目。即使想看的電影下檔了，還是可以透過其他的方法看到。本來需要到 KTV 才能歡唱，現在透過家裡的電視、平板，甚至是手機也可以達成。

　　串流影片服務蓬勃發展，網飛（Netflix）讓愈來愈多人透過手機和平板追劇。電視機不再是電視機，很多強調本身連網與智慧功能的電視機已改稱為「**智慧電視**（Smart TV）」，可以利用聲音控制、搜尋自己想要看的節目等。

致力於娛樂生活應用的鴻海科技集團提出的「娛樂智慧生活」計畫，目標就是要以電視作為家庭的娛樂中心與平台，讓家庭場域變身為電影院和遊戲中心，透過電視的平台功能，全面記錄家庭中每一個成員的居家休閒行為、休閒歷程，以達到休閒全紀錄。再透過人工智慧分析演算法找出家中每個成員的偏好，例如：奶奶喜歡看做菜節目、媽媽喜歡追劇、爸爸喜歡看體育節目等。同時，在合適的時間推送推薦節目，**按需**（On-Demand）為家中每個成員制訂出一套令人滿意的休閒娛樂計畫。其架構如圖 10-7 所示。

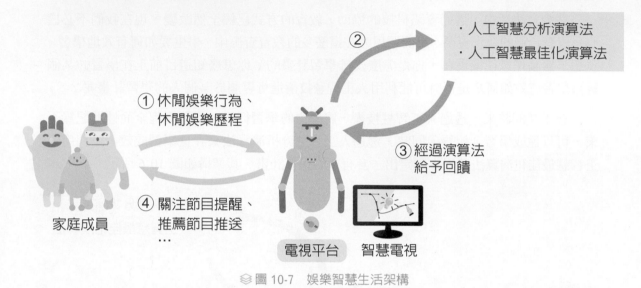

圖 10-7　娛樂智慧生活架構

智能家庭/社交生活

　　資訊技術不發達的年代，在國外留學的異鄉學子想要跟家裡通上電話都是一種奢求。如今，通訊技術與軟體發達，異鄉學子跟家庭的距離就只剩下時差了。而社群平台與通訊軟體的發展，讓家庭成員間、朋友間少了面對面的互動，但多了虛擬的互動。**聊天機器人**（chatbot）的出現，讓忙於社群的人有了小幫手，他們可以透過聊天機器人達成社交的目的。還有許多公司利用聊天機器人完成線上客服的工作。聊天機器人的技術愈趨成熟，在應用上不只適用於現在的社群平台與客服應用而已，如果將其應用在家庭生活上，與機器人硬體整合，成為一個居家的陪伴機器人，透過機器人與家人的對話，收集家庭成員的情緒、行為等，進一步促進家庭和諧，將是一個對家庭生活的提升極有助益的應用。

機器人 Pepper

未來，當應用機器人（例如：Pepper）時，可以建構一個健康家庭智慧生活生態，如圖 10-8 所示。

 NOTE

Pepper 是由鴻海科技集團和日本軟銀共同生產研發，是一個會表達情緒的服務型機器人。Pepper 的目的是「讓人類幸福」，提升人們的生活，促進人際關係，在人們之間創造樂趣，並與外界聯繫。（https://www.softbankrobotics.com/us/pepper）

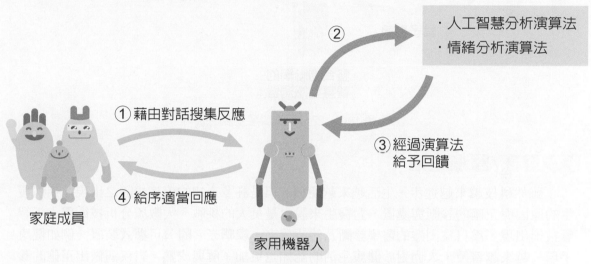

- 人工智慧分析演算法
- 情緒分析演算法

②

① 藉由對話搜集反應

③ 經過演算法給予回饋

④ 給序適當回應

家庭成員

家用機器人

◈ 圖 10-8　健康家庭智慧生活生態

▶▶安全生活

建構安全的生活是每個國家及政府責無旁貸的目標，包括建構安全的家居生活環境、工作環境、公共生活空間環境等等。以建構安全的家居生活環境為例，每年到了冬天的時候，當寒流來襲，總會有一氧化碳（瓦斯）中毒的新聞出現，然後就會看到許多政府宣導勿將熱水器裝在室內、要注意通風等等的廣告。

層出不窮的火災新聞更不用說了，為了預防居家火災再三出現，政府機關努力推動煙霧偵測器的安裝。物聯網時代逐漸成熟，這些關乎居家安全的各式感測器如果都進化到符合物聯網標準的智慧型居家安全感測器，就可以達成安全生活、智慧監控的目標，建構「安全的智慧生活」。

整合物聯網的智慧型感測器，結合人工智慧的演算法，讓我們可以隨時監控家庭中的各種情況，計算出安全指數，進而形成一個虛擬的智能家庭安全保全員，隨時保護家庭安全，如圖 10-9 所示。

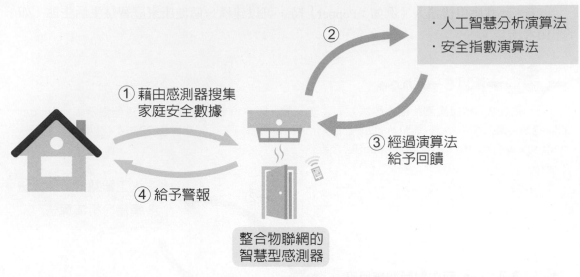

・人工智慧分析演算法
・安全指數演算法

②

① 藉由感測器搜集
家庭安全數據

③ 經過演算法
給予回饋

④ 給予警報

整合物聯網的
智慧型感測器

◈ 圖 10-9　安全家庭智慧生活生態

≫健康/醫療生活

　　雖然科技越來越進步，生活越來越便利，但是許多未知的疾病也隨之出現。疾病發生的原因與正確的診斷與處置，對醫生來說也是莫大的挑戰。大數據分析技術與人工智慧技術出現，為日益困難的醫學診斷及治療帶來一線曙光。隨著可攜式裝置（例如健康手環）越來越普及，人們對於健康生活的認知也更加了解與成熟。對疾病做出正確的診斷，有賴大量數據的搜集與經驗的累積。

　　IBM（美國國際商業機器公司）提出一套人工智慧工具 Watson Health，希望累積**醫療大數據**（health big data）以加快診療流程，並且提高診療成功率（如圖 10-10）。在美國，許多新創公司也投入人工智慧健康生活的行列，像 HeartFlow 公司就致力於研究心血管疾病的診斷與治療方式，它的 HeartFlow® FFRct Analysis 是第一個根據解剖學與物理學所發展出的非侵入性偵測冠狀動脈疾病（coronary artery disease，即 CAD）方法，這個方法透過深度學習模擬個人化 3D 動脈模型，並且評估阻塞機率。

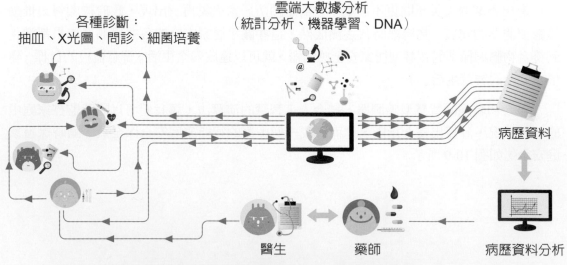

各種診斷：
抽血、X光圖、問診、細菌培養

雲端大數據分析
（統計分析、機器學習、DNA）

病歷資料

醫生　　藥師

病歷資料分析

◈ 圖 10-10　IBM Watson Health 應用示意圖
（資料來源：http://letzgro.net/blog/ibm-watson-in-healthcare/）

　　基因體學（Genomics）經過幾十年的發展，我們已經可以經由基因的特性與變異找出造成某項疾病的原因，例如：某個染色體的基因有變異或缺損，容易造成某個疾病的發生機率升高。基因體學的研究發展也讓**預防醫學**有了前進的動力，因為根絕疾病的第一步就是事先找出可能的原因，杜絕它、防範它。2018 年 12 月開始試營運的台大癌醫中心醫院，除了運用大數據分析、人工智慧技術於癌症治療之外，也會整合各項物聯網技術，將之應用於醫院場域中，像是病房管理、病患關懷等。同時，使用各種最先進的醫療感測器，搜集並健全醫療大數據系統。

　　「健康的智慧生活」已發展至更成熟的階段，有越來越多不同類型的感測器出現，穿戴式裝置加入量測功能就是其中一種。因此，我們期待建構一個完整的醫療大數據系統與生態（如圖 10-11），不但可以作為健康管理的基礎，也為預防醫學做先鋒。

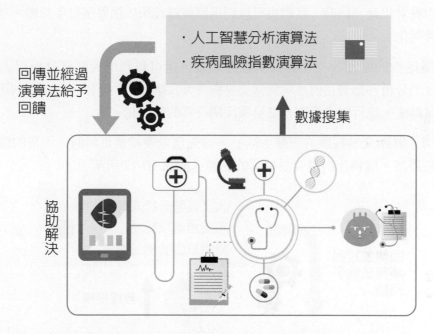

　◈圖 10-11　醫療大數據與人工智慧生態

≫ **財產交易採購**

　　資訊科技與網際網路的發展，也為金融業帶來了巨大的變化，只要是有創意的人，都可以透過網路來實現各類新潮的金融應用，例如：利用手機 APP 來進行個人對個人的貸款或賣保險、利用區塊鏈分散式帳本的技術來杜絕交易紀錄被竄改的可能性。**第三方支付、行動支付**越來越普及，使得傳統銀行與實體貨幣的影響力逐漸降低，人們不必透過銀行存錢也可以獲得利息，甚至也不需透過實體貨幣才能進行交易。銀行為了尋找下一個出路，也積極地在創新服務模式，因此，**金融科技**（FinTech）變成了目前金融業最夯的名詞。金融科技包括以下五大子領域：

運用大數據分析與人工智慧技術的理財機器人也像雨後春筍般地冒出來，搶奪著銀行行員、理財專員的飯碗。

有關財產、交易行為與採購行為的透明化，一直是公司及企業在經營管理上面的難題，如今已經有許多新創公司運用大數據分析與人工智慧技術來偵測財產、交易行為與採購行為中的異常訊息。同時，我們也可以利用區塊鏈技術，讓整個財產管理、交易行為與採購行為透明化。

在搜集足夠的財產、交易與採購數據之後，還可以利用大數據分析與人工智慧技術，協助我們分析各類異常財產、異常交易與異常採購行為的原因，也可以利用人工智慧的最佳化演算法，進行財產管理、交易與採購行為的最佳化。

要建構「財產交易採購的智慧生活」，首先還是要搜集足夠的、大量的數據，才能進行診斷與預測，建構出財產交易採購的生態，如圖 10-12 所示。

◈圖 10-12　金融大數據與人工智慧生態

≫≫循環環保/交通安全車聯網生活

隨著物聯網的技術逐漸成熟以及各類感測器的價格越來越低，利用物聯網的智慧終端協助觀察與監控生活環境的應用場域也增加了，例如：利用光纖感測器協助我們監控高鐵軌道橋樑下沈的速度、橋樑的安全性，利用酸鹼度感測器輔助監控土壤的品質、河川湖泊的健康程度。微軟也提出 AI for Earth 計畫，投資了新台幣 15 億元，利用人工智

慧技術協助保護地球的環境，搜集並分析有關能源消耗和氣候的數據，並以人工智慧演算法節約電力，減少農業用水上不必要的浪費，並提供農民數據，使農民能在稀少資源下增加收穫量。

Google 也與聯合國環境署攜手合作，藉由提供諸多即時資訊讓各國或各地組織取用，包括透過雲端同步的各地所搜集之巨量數據、衛星圖像等資訊，進而協助各個單位構思如何改善環境或是避免環境持續惡化方式。

在交通安全的應用上，自動駕駛車裝置了許多感測器，除了隨時搜集車輛四周的數據做出即時反應外，也可以透過**車對車通訊**（vehicle-to-vehicle communication，簡稱為**V2V**）的方式，將許多感測器搜集到的數據分享給需要的人。另外一個應用是自動化無人機，它的發展與應用也漸趨普及。

無人車／無人機在不同產業之應用：

● **製造業**：人工智慧載具加上電腦視覺，可取代人工巡檢、配送，並可算出最佳移動路線。

● **零售、服務與保全業**：可應用於顧客服務，如場域導覽、場域管制。

● **農業**：可進化為智慧灌溉，進行更密集的生長狀況巡檢，精進種植技術。

要建構循環環保／交通安全車聯網的智慧生活，可以利用不同的環境感測器以及自動駕駛車、自動無人機上的感測器來搜集環境與交通流中的大量數據，進行監控、診斷與預測，建構安全的環保與交通安全生態，如圖 10-13 所示。

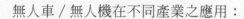
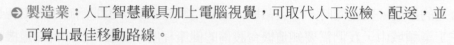

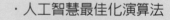

圖 10-13　循環環保／交通安全大數據與人工智慧生態

10-2 工業人工智慧

≫ 工業人工智慧應用的興起

　　人工智慧的應用是從電子商務漸漸拓展到其他領域。2000 年，網際網路時代興起，許多**電子商務**（e-commerce）網站出現，大量的線上交易產生出愈來愈多的資料與有用的訊息，例如電子商務的交易紀錄檔（log）。藉著比較成熟的統計式學習方法，比方說決策樹、**關聯法則**（association rules）、**資料探勘**等方法，開啓了後來的機器學習與人工智慧技術的發展。

　　如今，我們看到許多大型的電商網站，隨時隨地監控每一個用戶在線上的種種行為與歷程，加之應用了許多機器學習與人工智慧的演算法，對每一個用戶進行分析，再提出合適的推薦。與此同時，工業領域，尤其是製造領域，也開始應用人工智慧技術的試驗。在工業領域中，我們需要知道機台設備的健康程度。那麼，要如何知道機台設備的健康程度呢？我們以人爲例，若要知道人的健康狀況，必須量血壓、量脈搏或抽血。同樣地，要知道機台設備的健康狀況，也要透過適當的感測器了解機台設備的現實狀況爲何。

　　被譽爲工業 4.0 大師的李傑博士，在 2000 年就已提出工業人工智慧的概念（如圖 10-14），透過感測器監控機台設備的狀況，利用**決策支援工具**（decision support tools），即時給予回饋，達到**近乎零停機**（near-zero downtime）的目標。

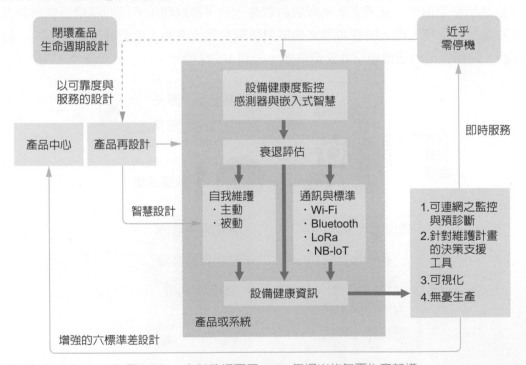

◈圖 10-14　李傑教授西元 2000 年提出的無憂生產架構
（資料來源：https://www.nist.gov/sites/default/files/documents/el/isd/Keynote_Lee_IMS-University_of_Cincinnati_updated.pdf）

自 2000 年至今，我們發現人工智慧應用在工業界仍然較少。在工業應用場景中也需要有效率的分析，但為什麼在工業上的發展會比較慢呢？主要是因為在工業場景中要搜集基礎資料的成本比較高，因為基礎設施的不完全（以前的機台設備並沒有安裝感測器），加上感測器以往價格較高，網路傳輸的成本也高（包括實體網路線需要架設、無線網路較昂貴等等）。

隨著基礎設施的完備（新的機台設備安裝了感測器），硬體成本與網路傳輸成本的降低（皆為無線傳輸，而且頻寬越來越大），讓人工智慧得以發揮。創新工場董事長李開復曾提出：「AI 發展有三階段，第一波是純軟體將大數據做起來的階段；第二波是透過感測器，收集新的數據，創造新的應用；第三波則是做到無人駕駛、機器人的自動化時代。」工業人工智慧正式從第二波開始，開啟各式各樣新的應用。工業人工智慧的系統元素，如圖 10-15 所示。

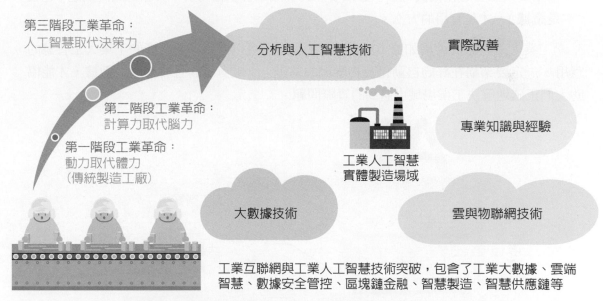

◈圖 10-15　工業人工智慧的系統元素

深耕精密製造 40 餘年的鴻海科技集團郭台銘董事長，除提出「八大生活」以外，也在 2018 年 6 月 22 日提出了「工業人工智慧」概念。其中，鴻海科技集團將工業人工智慧能區分為幾項系統元素。以時間的演進作為區分點，工業革命可分為三個階段：第一階段的工業革命是以動力取代體力，也就是傳統製造工廠的概念。隨著計算機技術的發達，第二階段工業革命的重點在於以計算力取代腦力。第三階段的工業革命，則是大量應用大數據分析與人工智慧技術，以人工智慧取代決策力。

工業人工智慧落實在實體的製造場域，包含了以下五個元素：

1. **分析與人工智慧技術**（**analytics and AI technology**）：利用大數據分析與人工智慧技術來分析工業數據。

2. **大數據技術**（**big data technology**）：快速儲存與分析大量工業、工廠數據的技術。

3. **雲技術與物聯網技術**（**cloud and IoT technology**）：符合物聯網標準，具有連網功能的感測器以及雲端儲存的技術。

4. **專業知識與經驗**（**domain knowhow**）：工廠場域的專業知識，例如：當某個產品生產流程需要優化的時候，工廠專業領域專家可以利用其專業領域知識，判斷是要利用因果分析方法分析良率過低的問題，還是利用影像處理的方法辨識產品瑕疵。

5. **實際改善**（**evidence**）：工廠問題實際改善的證據是工業人工智慧最重要的部分，各種工業人工智慧技術與方法，必須要能夠實際改善工廠場景中真正遇到的問題 (也就是證據)，才是有用的方法。

工業人工智慧的架構如圖 10-16 所示。從圖中可以看到，要有好的工業人工智慧的應用，一定要架構在好的自動化及物聯網的基礎上。唯有足夠且有效的大數據，才能協助人們正確地解決工業場域中遇到的實際問題。

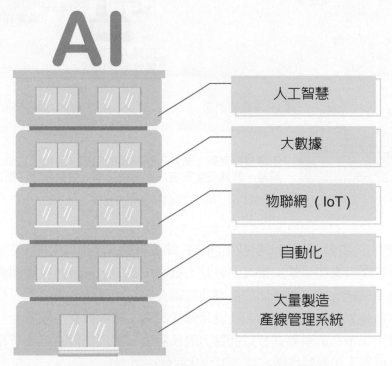

◈圖 10-16　工業場域中如何落實工業人工智慧

10-3 本章小結

　　科技的發展，除了探索未知的領域與世界之外，也是為了建構人類未來美好生活做準備。在本書前面幾個章節中，認識並了解許多目前正在發展與應用的人工智慧技術，本章則看到這些技術如何應用在生活中的不同領域。人工智慧技術在人們的日常八大生活中提供協助，讓人類的工作更有效率，生活得更健康、更安全、更美好。想像一下，跟機器人一起生活的日子是怎麼樣的呢？機器人可以提供什麼幫助？如果以後的生活是如此便捷，我們要怎麼過日子呢？

　　大數據分析技術的相關應用，從電子商務開始發展，透過網際網路的傳播，慢慢普及到商業活動中的每一個角落。經過人工智慧技術的加持，像是 Google 之類的大型網站以及像是 Amazon 之類的電子商務網站等網際網路相關企業如虎添翼。利用搜尋引擎尋找各類資訊時越來越便利了，各類符合需求的廣告無所不在。現在，**物聯網**（Internet of Things，亦即 **IoT**）技術開始成熟，漸漸普及到我們生活空間的每一個層面，例如：**智慧城市**（smart city）中的**智慧路燈**（intelligent street lighting）計畫，讓政府可以更有效率地管理分布在廣大城市中的路燈，節省電力資源和管理成本。同時，物聯網技術也進入製造業，也就是我們常常聽到的**智慧製造**（smart manufacturing）、**工業 4.0** 等。另外，大數據分析技術可以降低製造業的生產成本、提升效率，再加上物聯網技術和人工智慧技術，形成了工業人工智慧。也就是說，製造業已經不再是以前想像中的「黑手」行業，而是最新的科技業。

　　未來的生活不但會更健康、更安全、更美好，同時也會更有趣。八大生活還有很多應用的可能性，智慧型機器人的出現，不見得會搶走人們的生活。多發揮想像力，構思八大生活中還有哪些不同應用，或許可以成為一個改變世界的人，因為人工智慧技術將會使我們的生活更美好。

>>> 對於人工智慧正確的了解

經由本書的介紹，現在對人工智慧的範疇和內涵是否已經有正確的了解呢？我們可以依據理想與現實兩個層面來釐清人工智慧的定義與內容。

從理想的層面上來看，科學家們希望創造出的人工智慧是跟人類一樣，可以自行學習進而自行推理的智慧。但事實上，人類對於自己的頭腦是如何運作的，學術界到現在仍莫衷一是，沒有一致的結論。有的研究學派從腦神經科學的角度出發，例如深度學習中的神經網路。有的學派則是從心理學的角度去了解頭腦運作的原理，例如強化學習理論。無論是哪一種學派，目前都還沒有決定性的結論與成果出現。

以人工智慧的學派發展歷史來看，研究人類及生物智慧的學者可分為三個學派：

 以模仿大腦皮層神經網路及神經網路間的連接機制與學習演算法的聯結主義（Connectionism）

主要的代表是**深度學習**方法，亦即使用多隱藏層神經網路的處理結構來處理各種數據。

 以模仿人類或生物個體、群體控制行為功能及感知－動作型控制系統的行為主義（Actionism）

主要表現為具有獎懲機制的**強化學習**方法，亦即透過行為增強或減弱的回饋來實現輸出規劃的表徵。

 以物理符號系統（即符號操作系統）表現人類邏輯推理能力的符號主義（Symbolicism）

主要的表現為**知識圖譜應用體系**，亦即經由模擬大腦的邏輯結構來加工處理各種資訊和知識。符號主義根據邏輯推理的智能模擬方法來模擬人類的智能行為，實質上就是模擬人類的大腦抽象邏輯思維，透過研究人類認知系統的功能機制，用某種符號來描述人類的認知過程，並把這種符號輸入到能處理符號的計算機中，便可以模擬人類的認知過程，從而實現人工智慧。簡而言之，就是人類把自己認知的東西轉換成實際的符號，然後以符號表示理解的過程。符號主義的缺點是符號係由人類的感受決定出來，要以畫出來的邏輯推理圖代表真實狀況，可能還不足以百分之百地呈現每個人腦子裡的認知程度。

既然目前理想層面的目標達不到，那就往現實的方向前進。在計算機和電腦的運算能力越來越進步的前提下，加上以統計方法與人工神經網路為基礎的方法也越來越成熟，人工智慧與機器學習的方法已經可以協助或取代人們處理一些日常的事務了。

　　隨著人工智慧的發展成熟，有關於人工智慧如何界定也一直被提出，因而有了**弱人工智慧**（weak AI）與**強人工智慧**（strong AI）定義的出現，如表 P-1 所示。

表 P-1　強人工智慧與弱人工智慧定義之比較表

	定義	應用
強人工智慧	將人工智慧與意識、知識、自覺等人類的特徵相互連結在一起，具備與人類同等的智慧，能真正推理和解決問題，這種人工智慧具有知覺及自我意識。簡單來說，強人工智慧具備的智能將可達到與人類智慧相仿的程度	居家照護機器人
弱人工智慧	只能模擬人類的思維與行為表現，例如可以辨識照片中的圖像是貓還是狗，但缺乏真正的推理與解決問題的能力，也不具有自主意識或像人類一樣的思考能力	停車場車牌辨識系統、語音助理（例如蘋果 iOS 系統內建的 Siri）

　　總結來說，人工智慧的理想就是要創造出跟人類相仿、可以自動整理資訊、能夠進行推理的演算法或程式。要搜集足夠的訊息，必須要有足夠的感測器，就好像人類的視覺、聽覺、嗅覺、味覺、觸覺等各種感官的功能一樣。資訊彙整之後，要判斷資訊，最後做出決策。但是「智慧」這個名詞，不是簡單地用幾個演算法或程式就可以表達，所以人工智慧相關領域中的專家和科學家依然很努力地在做研究，期盼可以往強人工智慧邁進。

>>> 如果想要從事人工智慧領域的工作，需要繼續精進哪些專業與技術？

　　經過本書的洗禮，你發現人工智慧這個領域真的非常有趣，想要從事這個領域的專業工作，那麼，應該學習哪些專業知識呢？首先，必須熟悉相關的基礎學科專業，具備了豐富的數學知識之後，再探索想要應用的領域學科專業，更進一步的話，還能進行跨領域的應用。

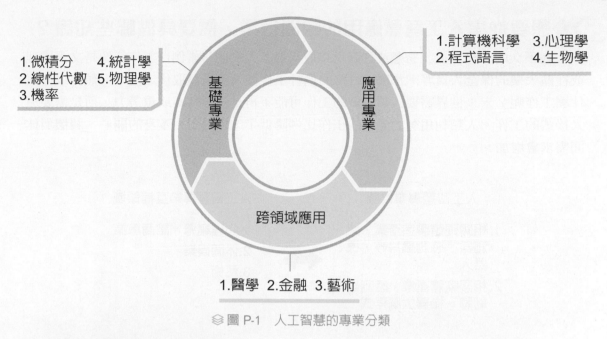

1.微積分　4.統計學
2.線性代數　5.物理學
3.機率

1.計算機科學　3.心理學
2.程式語言　4.生物學

基礎專業

應用專業

跨領域應用

1.醫學　2.金融　3.藝術

◈圖 P-1　人工智慧的專業分類

基礎學科專業

　　要熟悉前面人工智慧三大學派所需的相關知識，必須具備微積分、線性代數、機率學、統計學等數學知識。如果再具備物理學知識的話，對於很多人工智慧創新想法的產生也很有幫助。目前很多知名的人工智慧專家，在大學時期的主修都是數學和物理學。

應用學科專業

　　這裡所說的應用學科，主要是針對人工智慧的應用，例如計算機科學、程式語言、心理學、生物學等。利用這些應用學科的原理，套用到人工智慧的某個演算法中，發展人工智慧在這門學科的應用。舉例來說，**基因演算法**（genetic algorithm，簡稱 **GA**，又稱遺傳演算法）就是應用生物學裡面的基因演化原理所實作出來的演算法。

跨領域應用

　　所謂跨領域應用，就是為人工智慧找一個應用的場景。比方說，將人工智慧應用在醫學領域中，例如在第 10 章提到的 IBM 的 Watson Health 人工智慧推論引擎。或是將人工智慧應用在金融領域，稱為**金融科技**（FinTech）。抑或是應用在藝術領域，譬如利用深度學習的生成對抗網路（第 8 章探討的 GAN）讓電腦自動畫圖。

➤➤想要從事人工智慧應用的相關行業，需要具備哪些知識？

在不久的未來，人工智慧或許就可以取代很多人們的日常例行工作，像是文書處理或社區大樓的保全人員等。那麼，日常的例行工作被人工智慧取代之後，人類可以從事什麼工作呢？未來世界需要人類去做的工作可能不再是重複性高或重勞力，而是需要與人接觸的工作。人類利用勞力處理的工作比例降低了，但是對人本身的關心、關懷與休閒需求會增加。

人工智慧專業領域	人工智慧專業互補領域
1.相關硬體製造產業，感測器、感測晶片等，機器人 2.相關軟體產業，感測器韌體、機器大腦程式	1.心理輔導、諮商專業 2.休閒娛樂 3.藝術

◈圖 P-2　人工智慧產業分類專業分類圖

如圖 P-2，人工智慧技術普及之後，人工智慧本身的專業領域至少會產生兩種以上的周邊產業，第一種是人工智慧相關產品的製造業，例如人工智慧所需要的硬體、感測器與感測晶片、機器人組裝等。因此，未來半導體的需求依然是火熱的。第二種是人工智慧軟體的相關工作，未來將會有很多機器人出現，機器人的大腦——也就是機器人內部的人工智慧程式——便需要有人去維護、調整和修正。人類最大的優勢是知識的抽象化，利用**巨觀分析**（meta-analysis）的方法，將知識轉換成實用的機器人程式，也將是未來一個重要的趨勢。舉例來說，自動駕駛車目前發展得很迅速，但是它最大的問題在於，搜集過多的資訊卻沒有綜合評量的準則。目前的自動駕駛車無法自行創造出一個複雜的決策機制，這還需要人類為機器人賦能。

隨著人工智慧的發展，與人工智慧專業互補的產業——也就是與人有關的產業——也會應運而生，需求也會水漲船高，例如心理諮詢、休閒導遊、藝術等行業。因為未來人類的空閒時間將會增多，如何填補這些空閒時間，達到智慧生活的目標，將是我們必須要思考的。

附錄　吳信輝 富士康工業互聯網學院副院長

本書 9-2 節介紹 Q-learning 時，我們假設有一個機器人（即代理人）在屋內的房間隨意走動，它要找到走出屋外的最佳路徑。代理人在訓練的過程中，Q-learning 使用如式 9-2 的貝爾曼方程式去更新 Q 表。以下，我們將介紹更新 Q 表的方法。

在式 9-2 中，$Q(s, a)$ 為目前狀態的 Q 值，$newQ(s, a)$ 為根據新的狀態與行動而更新後的 Q 值，α 為學習率，$R(s, a)$ 為當前狀態與行動的獎勵，γ 為折價因子，$maxQ'(s', a')$ 為在新的狀態與行動下選擇最大 Q 值的方法。

學習率 α 是一個 0 到 1 區間的數字，它定義了 $newQ(s, a)$ 與新行動的關係：α 值為 0，代表代理人不會學到任何新的東西，也就是說，舊狀態的訊息是重要的；α 值為 1，代表代理人會完全參考採取新行動之後所更新的新訊息。

折價因子 γ 也是一個 0 到 1 區間的數字，它定義了獎勵未來行為的重要性。γ 值為 0，代表代理人只考慮短期獎勵；值為 1，代表代理人更重視長期獎勵。

式 9-2 經過轉換後，會得到如下的新方程式：

$$newQ(s, a) = (1 - \alpha)Q(s, a) + \alpha\,[R(s, a) + \gamma\,maxQ'(s', a')]$$

其中，$(1-\alpha)Q(s, a)$ 是原本的 Q 值在 $newQ(s, a)$ 所佔的比例。學習率 α 越高，原本的 $Q(s, a)$ 的影響就越低。

$\alpha\,[R(s, a) + \gamma\,maxQ'(s', a')]$ 是這一次行動學習所得到的獎勵，包括行動本身帶來的獎勵 $R(s, a)$ 與未來潛在的獎勵 $\gamma\,maxQ'(s', a')$。學習率 α 越高，新行動所得到的獎勵影響越大。

Q-learning 的原理中有一項很重要的概念，就是無論是好的還是壞的全都會記住。Q-learning 使用了 9-2 節提到的 Q 表，來達成這個記憶的功能。

圖 A-1 是一個全零矩陣，也就是 Q 表初始化的結果。如果要將圖 9-8 的狀態行動圖轉換成 Q 表，可依下面的步驟進行。

Q 表中的行動標記法是先選擇目標狀態，再選擇要採取的行動。例如，選了狀態⑤和行動⑥，Q 表的列為狀態，行為行動，那麼在狀態⑤和行動⑥相交的點就是行動⑤ to ⑥的獎勵值 100。在初始階段，我們首先根據每一個房間是否有門可以連接到室外，定義**環境獎勵矩陣**，如圖 A-2 所示。

197

$$
Q = \begin{array}{c} \\ 1 \\ 2 \\ 3 \\ 4 \\ 5 \\ 6 \end{array}
\begin{array}{cccccc}
1 & 2 & 3 & 4 & 5 & 6 \\
\left[\begin{array}{cccccc}
0 & 0 & 0 & 0 & 0 & 0 \\
0 & 0 & 0 & 0 & 0 & 0 \\
0 & 0 & 0 & 0 & 0 & 0 \\
0 & 0 & 0 & 0 & 0 & 0 \\
0 & 0 & 0 & 0 & 0 & 0 \\
0 & 0 & 0 & 0 & 0 & 0
\end{array}\right]
\end{array}
$$

◈ 圖 A-1　Q 表初始化

$$
R = \begin{array}{c} \\ 1 \\ 2 \\ 3 \\ 4 \\ 5 \\ 6 \end{array}
\begin{array}{cccccc}
1 & 2 & 3 & 4 & 5 & \boxed{6} \\
\left[\begin{array}{cccccc}
-1 & -1 & -1 & -1 & 0 & -1 \\
-1 & -1 & -1 & 0 & -1 & 100 \\
-1 & -1 & -1 & 0 & -1 & -1 \\
-1 & 0 & 0 & -1 & 0 & -1 \\
0 & -1 & -1 & 0 & -1 & \boxed{100} \\
-1 & -1 & -1 & -1 & -1 & -1
\end{array}\right]
\end{array}
$$

◈ 圖 A-2　環境獎勵矩陣

更新 Q 表的步驟，首先要從初始的獎勵行動慢慢經由學習來計算各個狀態間的行動獎勵值，並且逐步更新，其公式與式 9-2 的貝爾曼方程式類似。我們以文字來表示狀態與行動，例如 $Q(s, a)$ 會寫成 $Q(state, action)$，並且將學習率設定為 1，可得到以下的方程式：

$$Q(state, action) = R(state, action) + \gamma\, max[Q(next\ state, all\ actions)]$$

現在，我們來示範在 Q-learning 中如何進行一個**回合**（episode）的計算過程。

首先，隨機選擇一個狀態，如狀態②，接著要計算 $Q(2,4)$ 和 $Q(2,6)$，以 $Q(2, 4)$ 為例，假設折價因子 γ 為 0.8，根據上面的公式，可以得到下列式子：

$$Q(2, 4) = R(2, 4) + 0.8 \times max[Q(4, 2), Q(4, 3), Q(4, 5)]$$

查詢環境獎勵矩陣可以得知 $R(2, 4)$ 是 0，在初始的 Q 表中，$Q(4, 2)$、$Q(4, 3)$、$Q(4, 5)$ 都是 0，所以經過如下的計算過程，會得到 $Q(2, 4)$ 是 0：

$$
\begin{aligned}
Q(2, 4) &= R(2, 4) + 0.8 \times max[Q(4, 2), Q(4, 3), Q(4, 5)] \\
&= 0 + 0.8 \times 0 \\
&= 0
\end{aligned}
$$

計算 $Q(2, 6)$ 時，由於狀態⑥沒有行動，所以 $Q(2, 6) = R(2, 6) = 100$。

接著，進行下一回合的運算。這一回合選擇狀態④，狀態④鄰近的點有狀態②、狀態③、狀態⑤。我們選擇狀態②為行動，也就是要從狀態④移動到狀態②。

$Q(4, 2)$ 的計算公式如下：

$$Q(4, 2) = R(4, 2) + 0.8 \times max[Q(2, 4), Q(2, 6)]$$

上一回合從 Q 表中得到 $Q(2, 4)$ 是 0，$Q(2, 6)$ 是 100，所以 $Q(4, 2)$ 經過如下的計算過程得出的結果是 80：

$$Q(4, 2) = R(4, 2) + 0.8 \times max[Q(2, 4), Q(2, 6)]$$
$$= 0 + 0.8 \times max(0, 100)$$
$$= 80$$

更新後的 Q 表如圖 A-3 所示。

接著，進行下一回合的運算。這一回合再選擇狀態②，狀態②鄰近的點有狀態④和狀態⑥。如果我們選擇狀態④爲行動，也就是要從狀態②移動到狀態④。所以這回合要計算狀態 $Q(2, 4)$，計算過程如下：

$$
Q = \begin{array}{c c} & \begin{array}{c c c c c c} 1 & 2 & 3 & 4 & 5 & 6 \end{array} \\ \begin{array}{c} 1 \\ 2 \\ 3 \\ 4 \\ 5 \\ 6 \end{array} & \left[\begin{array}{c c c c c c} 0 & 0 & 0 & 0 & 0 & 0 \\ 0 & 0 & 0 & 0 & 0 & 100 \\ 0 & 0 & 0 & 0 & 0 & 0 \\ 0 & 80 & 0 & 0 & 0 & 0 \\ 0 & 0 & 0 & 0 & 0 & 0 \\ 0 & 0 & 0 & 0 & 0 & 0 \end{array} \right] \end{array}
$$

圖 A-3 開始學習機制並更新 Q 表。此為更新後的Q表

$$Q(2, 4) = R(2, 4) + 0.8 \times max[Q(4, 2), Q(4, 3), Q(4, 5)]$$
$$= 0 + 0.8 \times 80$$
$$= 64$$

此時，$Q(2, 6)$ 沒有被變動，維持原來的值。

依照這個方式，我們可以更新各個行動的期望獎勵值，直到 Q 表數值收斂爲止。收斂後的運算結果如下：

$$Q(4, 3) = R(4, 3) + 0.8 \times max[Q(3, 4)] = 0 + 0.8 \times 64 = 51.2$$
$$Q(3, 4) = R(3, 4) + 0.8 \times max[Q(4, 2), Q(4, 3), Q(4, 5)] = 0 + 0.8 \times 80 = 64$$
$$Q(1, 5) = R(1, 5) + 0.8 \times max[Q(5, 4), Q(5, 6), Q(5, 1)] = 0 + 0.8 \times 100 = 80$$
$$Q(5, 1) = R(5, 1) + 0.8 \times max[Q(1, 5)] = 0 + 0.8 \times 80 = 64$$
$$Q(5, 4) = R(5, 4) + 0.8 \times max[Q(4, 2), Q(4, 3), Q(4, 5)] = 0 + 0.8 \times 80 = 64$$
$$Q(4, 5) = R(4, 5) + 0.8 \times max[Q(5, 1), Q(5, 4), Q(5, 6)] = 0 + 0.8 \times 100 = 80$$
$$Q(5, 6) = R(5, 6) = 100$$

最後的 Q 表與狀態－行動圖如圖 A-4 與 A-5 所示。

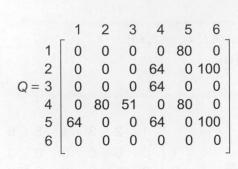

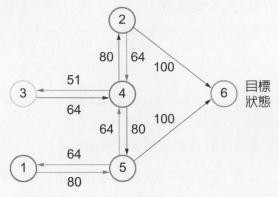

目標
狀態

⬗圖 A-4　完成學習後的最後狀態 Q 表　　⬗圖 A-5　完成學習後的最後狀態－行動圖

　　根據圖 A-5 的結果，假設從房間③出發，利用 Q 表找出獎勵值最高的路徑，例如路徑③ → ④ → ② → ⑥（也就是從房間③移動到房間④再移動到房間②，最後移動到屋外⑥），或是路徑③ → ④ → ⑤ → ⑥，都可以得到相同的獎勵值。

　　根據以上範例可以得到 Q-learning 的運作流程如下：

Q-Learning 演算法

步驟 1：設定 γ 參數值（可以想像成是學習率），將狀態行動圖轉換成環境獎勵矩陣。
步驟 2：建立初始的 Q 表，裡面的值皆為 0。
步驟 3：進行每一回合的計算，重複步驟 3-1 到 3-3，直到到達目標狀態。
　　　　步驟 3-1：選擇一個隨機的狀態。
　　　　步驟 3-2：根據隨機所選的狀態計算移動到鄰近每一個狀態的 Q 值，接著選擇最大的 Q 值，公式如下：

$$Q(satete, action) = R(satete, action) + γ\ max[Q(next\ satete, all\ actions)]$$

　　　　步驟 3-3：設定下一個狀態作為要運算的狀態。
步驟 4：完成每一回合的計算。

　　在 Q-learning 的方法中，最重要的就是在更新 Q 表時，獎勵的計算不只採取行動所獲得的獎勵，還有 γ 乘以下一個狀態的可能最大 Q 值。這個概念的意思是讓代理人不僅分析當下採取的行動所帶來的好處，同時也會估計到達下一個狀態後能夠獲得的最大好處，因為在下一個狀態也可以採取其他行動。因此，Q-learning 中的代理人並非目光如豆，而是會看得更遠，可以想成是「延遲享受，獲取更大報酬」的概念。

參考文獻

第一章

1. QuantStart Team, "Support Vector Machines_ A Guide for Beginners _ QuantStart", <https://www.quantstart.com/articles/Support-Vector-Machines-A-Guide-for-Beginners>

第三章

1. Jordi Sanchez-Riera, Kathiravan Srinivasan, Kai-Lung Hua, Wen-Huang Cheng, M. Anwar Hossain, and Mohammed F. Alhamid, "Robust RGB-D Hand Tracking Using Deep Learning Priors," IEEE Transactions on Circuits and Systems for Video Technology, vol. 28, no. 9, pp. 2289-2301, September 2018.

2. Yu-Ting Chang, Wen-Huang Cheng, Kai-Lung Hua, and Bo Wu, "Fashion World Map: Understanding Cities Through Streetwear Fashion," The 25th ACM International Conference on Multimedia (MM 2017), 23-27 October, 2017, Mountain View, USA.

3. Bo Wu, Wen-Huang Cheng, Yongdong Zhang, Qiushi Huang, Jintao Li, and Tao Mei, "Sequential Prediction of Social Media Popularity with Deep Temporal Context Networks," International Joint Conference on Artificial Intelligence (IJCAI), 19-25 August, 2017, Melbourne, Australia.

4. Jordi Sanchez-Riera, Kai-Lung Hua, Yuan-Sheng Hsiao, Tekoing Lim, Shintami C. Hidayati, and Wen-Huang Cheng, "A Comparative Study of Data Fusion for RGB-D Based Visual Recognition," Pattern Recognition Letters, vol. 73, pp. 1-6, April 2016.

5. Tekoing Lim, Kai-Lung Hua, Hong-Cyuan Wang, Kai-Wen Zhao, Min-Chun Hu, and Wen-Huang Cheng, "VRank: Voting System on Ranking Model for Human Age Estimation," The 17th IEEE International Workshop on Multimedia Signal Processing (MMSP 2015), 19-21 October, 2015, Xiamen, China. (Top 10% Paper Award)

6. Tsung-Hung Tsai, Wen-Huang Cheng, Chuang-Wen You, Min-Chun Hu, Arvin Wen Tsui, and Heng-Yu Chi, "Learning and Recognition of On-Premise Signs (OPSs) from Weakly Labeled Street View Images," IEEE Transactions on Image Processing, vol. 23, no. 3, pp. 1047-1059, March 2014.

第四章

1. Kuehne, H., Jhuang, H., Garrote, E., Poggio, T., & Serre, T. (2011, November). HMDB: a large video database for human motion recognition. In *2011 International Conference on Computer Vision* (pp. 2556-2563). IEEE.

2. Milan, A., Leal-Taixé, L., Reid, I., Roth, S., & Schindler, K. (2016). MOT16: A benchmark for multi-object tracking. *arXiv preprint arXiv:1603.00831.*

3. Simonyan, K., & Zisserman, A. (2014). Two-stream convolutional networks for action recognition in videos. In *Advances in neural information processing systems* (pp. 568-576).

4. Zhang, B., Wang, L., Wang, Z., Qiao, Y., & Wang, H. (2016). Real-time action recognition with enhanced motion vector CNNs. In *Proceedings of the IEEE Conference on Computer Vision and Pattern Recognition* (pp. 2718-2726).

5. Huang, C. D., Wang, C. Y., & Wang, J. C. (2015, December). Human action recognition system for elderly and children care using three stream ConvNet. In *2015 International Conference on Orange Technologies (ICOT)* (pp. 5-9). IEEE.

6. Wang, C. Y., Chiang, C. C., Ding, J. J., & Wang, J. C. (2017, March). Dynamic tracking attention model for action recognition. In *2017 IEEE International Conference on Acoustics, Speech and Signal Processing (ICASSP)* (pp. 1617-1621). IEEE.

7. Chou, Y. S., Hsiao, P. H., Lin, S. D., & Liao, H. Y. M. (2018, April). How Sampling Rate Affects Cross-Domain Transfer Learning for Video Description. In *2018 IEEE International Conference on Acoustics, Speech and Signal Processing (ICASSP)* (pp. 2651-2655). IEEE.

8. Feichtenhofer, C., Pinz, A., & Zisserman, A. (2017). Detect to track and track to detect. In *Proceedings of the IEEE International Conference on Computer Vision* (pp. 3038-3046).

9. Karpathy, A., Toderici, G., Shetty, S., Leung, T., Sukthankar, R., & Fei-Fei, L. (2014). Large-scale video classification with convolutional neural networks. In *Proceedings of the IEEE conference on Computer Vision and Pattern Recognition* (pp. 1725-1732).

第六章

1. Tomáš Mikolov, Kai Chen, Greg Corrado, and Jeffrey Dean, "Efficient Estimation of Word Representations in Vector Space" arXiv:1301.3781 [cs], January 2013.

2. Yoav Goldberg, "Neural Network Methods for Natural Language Processing" Synthesis Lectures on Human Language Technologies, 2017.

第七章

1. Agrawal, R., & Srikant, R. "Fast algorithms for mining association rules." In Proceedings of 20th International Conference on Very Large Data Bases ,Vol. 1215, pp. 487-499, 1994.

2. Cristianini, N., & Shawe-Taylor, J. "An introduction to support vector machines and other kernel-based learning methods." Cambridge University Press, 2000.

3. Han, J., Pei, J., Yin, Y., & Mao, R. "Mining frequent patterns without candidate generation: A frequent-pattern tree approach." Data Mining and Knowledge Discovery, 8(1), pp. 53-87, 2004.

4. Johnson, S. C. "Hierarchical clustering schemes." Psychometrika, 32(3), pp. 241-254, 1967.

5. Lloyd, S. "Least squares quantization in PCM." IEEE Transactions on Information Theory, 28(2), pp. 129-137, 1982.

6. McCulloch, W. S., & Pitts, W. "A logical calculus of the ideas immanent in nervous activity." The Bulletin of Mathematical Biophysics, 5(4), pp. 115-133, 1943.

7. Quinlan, J. R. "Induction of decision trees." Machine Learning, 1(1), pp. 81-106, 1986.

8. Zobell, C. E., & Anderson, D. Q. "Observations on the multiplication of bacteria in different volumes of stored sea water and the influence of oxygen tension and solid surfaces." The Biological Bulletin, 71(2), pp. 324-342, 1936.

第八章

1. Andrew Brock, Jeff Donahue,and Karen Simonyan. "Large Scale GAN Training for High Fidelity Natural Image Synthesis", <https://arxiv.org/abs/1809.11096>

2. Guillaume Lample , Neil Zeghidour , Nicolas Usunier , Antoine Bordes , Ludovic Denoyer ,and Marc' Aurelio Ranzato . "Fader Networks: Manipulating Images by Sliding Attributes" , <http://papers.nips.cc/paper/7178-fader-networksmanipulating-images-by-sliding-attributes.pdf>

3. Ting-Chun Wang, Ming-Yu Liu, Jun-Yan Zhu, Andrew Tao, Jan Kautz,and Bryan Catanzaro. "High-Resolution Image Synthesis and Semantic Manipulation with Conditional GANs" , <https://arxiv.org/pdf/1711.11585.pdf>

4. Yanghua Jin , Jiakai Zhang , Minjun Li , Yingtao Tian , Huachun Zhu , and Zhihao Fang . "Towards the Automatic Anime Characters Creation with Generative Adversarial Networks" , <https://arxiv.org/pdf/1708.05509.pdf>

第十章

1. Mashdigi,「微軟、Google 將旗下人工智慧等技術用於環境保護」, <https://mashdigi.com/microsoft-and-google-use-its-technologies-to-help-enviroments/>

2. 社團法人台灣開放式課程聯盟,「開放式課程常見問答」, <http://www.tocwc.org.tw/portal_e3_cnt.php?button_num=e3&folder_id=1>

3. 黃欣,「FinTech 金融科技 觸發產業革命」, <https://news.cnyes.com/fintech/index.html>

4. 機器人資訊最佳網站,「人工智慧救地球!微軟砸新台幣 15 億投資「AI for Earth」環境保護計畫」, <https://www.limitlessiq.com/news/post/view/id/2849/>

後記

1. Mick, Jung-Yi Lin,「基因演算法」,<https://people.cs.nctu.edu.tw/~jylin/curriculum/gagp.html>

2. 李建會,「人工智慧的新範式:行為主義學派的理論和實踐」, <http://www.cuhk.edu.hk/ics/21c/media/articles/c078-200207080.pdf>

索引表

動手操作看看吧！互動平台：https://ai.foxconn.com/textbook/interactive

國家圖書館出版品預行編目資料

人工智慧導論 / 王建堯等著；陳信希，郭大維，
李傑主編. -- 初版. -- 新北市：全華圖書, 2019.04
　　面；　公分
　ISBN 978-986-503-077-3(平裝)
　1.人工智慧
312.83　　　　　　　　　　　108004336

人工智慧導論

作　　者／王建堯・王家慶・吳信輝・李宏毅・高虹安・張智星
　　　　　曾新穆・陳信希・蔡炎龍・鄭文皇・蘇上育（依姓氏筆畫排列）

主　　編／陳信希・郭大維・李傑

副 主 編／高虹安・吳信輝

總 策 劃／鴻海教育基金會

企劃編輯／林宜君

執行編輯／王詩蕙・王麗琴

封面設計／楊昭琅

繪圖設計／謝昆城

發 行 人／郭台銘

發　　行／鴻海教育基金會

出　　版／全華圖書股份有限公司

圖書編號／19382

初版五刷／2022 年 10 月

定　　價／新臺幣 380 元

ＩＳＢＮ／978-986-503-077-3(平裝)

全華圖書／ www.chwa.com.tw

全華網路書店 Open Tech ／ www.opentech.com.tw

若您對書籍內容、排版印刷有任何問題，歡迎來信指導 book@chwa.com.tw

臺北總公司(北區營業處)
地址：23671新北市土城區忠義路21號
電話：(02) 2262-5666
傳真：(02) 6637-3695、6637-3696

南區營業處
地址：80769高雄市三民區應安街12號
電話：(07) 381-1377
傳真：(07) 862-5562

中區營業處
地址：40256臺中市南區樹義一巷26號
電話：(04) 2261-8485
傳真：(04) 3600-9806